沖縄、基地なき島への道標

大田昌秀
Ota Masahide

a pilot of wisdom

目次

◎第二章……名護市への海上基地移設——65

◎第四章……「サミット」後に向けて――157

序章

「命どぅ宝」から「銭どぅ宝」への風潮

沖縄の社会は、憂うべき、情けない状況を呈している。人びとが生き方の指針として日常的に口にしてきた「命《ヌチ》ど《ド》ぅ《ウ》宝《タカラ》」（命こそが一番大事）という〝合い言葉〟が、いつしか「銭《ジン》ど《ド》ぅ《ウ》宝《タカラ》」（お金が大事）に変わりつつあるからだ。

この世は、お金がなくては、生きていけない。それは、わかる。

しかし同時に、「人はパンのみにて生くるものにあらず」という言葉にもあるとおり、人間の生活においては、お金で買えない大事なものがある。いくら多額のお金を積んでも、人の命を買うことはできない。また人間には、命と同様に、お金で買えない人それぞれのプライドや価値観といったものもある。したがって、たんに物質的満足だけを唯一の目的として生きるのでは、「まっとうな人間的生き方」といえないのも、また事実。

たとえ、物質至上主義の価値観から金銭的欲望を満足させ、〝物理的〟にはゆとりある生活ができたとしても、真の意味での人間らしい生き方からすると、逆にそれによって〝精神的な死〟を意味する場合もありうる。それだけに、いたずらに、「銭どぅ宝」とばかりに、「こころ」を売ってまで物質的欲望の追求に汲々とするのは、問題ではないだろうか。

「銭どぅ宝」の風潮が、とりわけ急激に沖縄社会を浸蝕するようになったのは、むろん、政府が二〇〇〇年七月の「サミット」を沖縄で開催するのと引き換えに、県民の大多数が拒否している普天間《ふてんま》飛行場の代替基地を、名護《なご》市南東の辺野古《へのこ》「沿岸」地域に新設しようと図っていることに起因する。つまり、県も名護市も、将来のことはろくに考えもせず、目先の現実的思惑から、北部振興策をまるでアメ玉のように県民や市民の眼前にぶらさげ、基地の誘致を図っているからにほかならない。

政府は、「サミットと基地移設は別もの」で、サミットを利用して「取り引き」しているのではないと否定する。が、それは、露骨な「取り引き」であり、振興策に名を借りた一方的な基地の押し付け以外の何ものでもない。とりわけ、一部の人士が、金さえ入れば何をやってもよい、といわんばかりに、経営上の不手際で事業に失敗したら、自らの放漫経営を糊塗《こと》するため、日米両国の大手ゼネコンと組んで、県民の多くが反対する基地の導入を図るのみか、ギャンブル企業まで誘致して、あぶく銭を稼ごうと画策していることは、周知のとおりである。自立的かつ持続的経済発展に取り組もうとは全く考えていないのだ。

したがって、サミットと振興策を掲げた基地移設がセットになっているとの見方が出てくるのも、たんなる憶測に基づいていっているのでなく、過去半世紀余りの政府の対沖縄施策のありようや、それに媚びる一部経済人や事大主義的政治屋の存在が原因なのだ。

日米両政府が、真にサミットの開催自体を唯一の目的にしていれば、大多数の県民は、両手《もろて》をあげて喜んで外来の知名士たちを迎えたにちがいない、沖縄の実情を世界に知ってもらういいチャンスだと。だが、両政府が、サミットの前に、県や名護市に代替基地の受け入れを陰に陽に要求したため、不必要に県民の懸念や不信感を買う結果になった。このような言動は、明らかに地元県民の心情を無視した拙劣な政策というよりない。というのは、一部の強硬な反対論者を別にすれば、サミットの開催それ自体に反対する者は多くはないから。

過去何世紀もの間、沖縄・沖縄人は、自らの主体的な意思に反し、強大な支配者によって、差別的に処遇されたあげく、何か事あるごとに、「政治的質草」として利用されつづけてきた。

弱者を利用する強者の論理

大正時代に柳田国男《やなぎたくにお》は、南島研究の重要性を説いた中で、日本本土の人びとが、絶海の孤島（沖縄）に苦しんでいる同胞が存在することに無知なばかりか、生存の幸・不幸を共有しようとしないことを指摘した。そして、政府の施策に基づく社会事業や政治活動の成果が、沖縄の人びとにまで浸透しないのは致し方がないとしても、それが失敗した場合の苦痛までを、彼らに分担させる理由は絶対にない。にもかかわらず、現に政府は、前時代以来の拙劣な政策の悪い結果だけを、これら沖縄の無抵抗、無力な人びとに押し付けてきた、と慨嘆したものだ。

柳田は、また、大正時代末期の沖縄の経済的窮状についても言及し、その主たる原因は、政府の社会経済上の失敗であり、政策を誤った人間の行為が積もり積もってもたらした痼疾《こしつ》、つまり人為的なものだといい、しかもその誤りを犯した者は、現に今最も多く苦しみ悩んでいる人たちでないのみか、その人たちの親たちや友人でさえなかった、として、こういう趣旨のことを語っている。

「税は新しい時代になって確かに軽減せられたが、尚《なお》之に代って特殊なる商事機関が働き、個々の直接生産者の利益は其為に大《おおい》に殺《そ》がれた。沖縄本島でいうならば鹿児島大阪から来た商人の店、又は之を援助して分前に与《あず》かった那覇などの利口者である。彼等は常民よりも一段すぐれた才能と、大きな資本の力とを武器として、愚鈍なる同島人の生産に余分に食い込み、彼等を窮乏せしめずんば止《や》まなかったのである。官庁巨商其他の有力者は、之に伴うて許さるる限り自由なる消費をした」

柳田は、むろんこうした事態は座視すべきものでない、それというのは、経済的破綻によって「最も多く悩み悶える者は、早くから大に弱って居た階級」であって、しかも外部の力によって「先ず救われる者は、通例は却《かえ》って最近始めて困り出した表層の少数」だけだ、としていう。沖縄県を一個の生活体として見ることができるならば、今度のような経済的失敗もあるいは因果応報かもしれない。が、一たび中に入って両者の関係を見ると、両者を同罪とすることは不当であり、また苦痛の分担も明白に不公平だから、という。

さらに柳田は、沖縄の人びとと話し合ったことは、いかにすれば沖縄の学問が、広く日本全国民の幸福となり、否、進んでは世界全体の人びとの生活を改良させうるかを、沖縄の研究者たちがまだ十分には考えていないこと、さらにはその結果、学問にとって最も大切な比較と思い遣りとがまだ足らぬ、ということであったと述懐している。

柳田の説くところによると、「島に大小がある以上は、棄てゝ置いても大は小を軽んずる傾きがあるのに、中央では更に統治を簡便にする為に、一方の優越を承認したのみならず、尚その個々の島内に於《おい》ても、従来はわざと其住民の中から、上に従順にして才知便巧なる少数者のみに権力を付与して、所謂《いわゆる》統一を図らしめた。其為に同じ一つの島の住民の間に、辛苦と安逸との甚しき不均衡があったことは、申す迄も無いのである」

―埃及《エジプト》や希臘《ギリシャ》の古い文明を見ても、国が盛んに開けたということは、思いの外少数の、表面に立つ人だけの誇りであった。貧困者と多数の奴隷とは、下に隠れて其労苦のみを負担せしめられたのである。併し彼等駆役《くえき》に供せられた奴隷なり小民なりは、専《もっぱ》ら異民族であり又捕虜であり買われた者の末であった。之に反して我々の社会に於て、蚕の如く又鵜の如く働かされた人々は、疑いも無き同胞の血族である。言語を同じくし神を同じくした古来の日本民族の仲間同士であったのである。それが境遇の差によって、追使われる百姓と追使う士とに分れて、著しい幸福の階段を生じたのである、島々の文化を興隆せしむる為には、他には是ぞという手段

も別に無かった故に、出来るだけ彼等を利用したのである」[1]（現代仮名遣いに改めて引用。傍点は引用者）

長い引用になったが、私は柳田のこの発言は、今日でも十分に通用すると思っている。

失われてからでは取り返しのつかないもの

こうした関係については、県民が常にことあげしてやまない一八八〇年（明治一三）の日本・清《しん》国間の「分島・改約」問題をはじめ、戦時中の本土防衛のための「捨て石」作戦による県民の犠牲、一九五一年（昭和二六）の日本本土の国際社会への復帰と引き替えになされた沖縄の「分離・基地化」、一九七二年（昭和四七）の復帰と「取り引き」された「基地の自由使用、核持ち込み」の密約等々、沖縄が差別を受けたという歴史的事実には事欠かない。

県民は、沖縄戦の惨禍を身をもって体験しただけに、二度と再び同じ悲劇を繰り返すまい、と戦後このかた保守・革新を問わず、いかなる県政の責任者も、戦争と結び付く基地を自ら誘致した者は、かつてなかった。にもかかわらず現県政は、目先の私利私欲の追求のみに奔走する余り、「基地誘致」という未曾有の暴挙をあえて犯してしまった。空恐ろしいことだというよりない。

「人は一代、名は末代」とのたとえどおり、必ずや歴史は、審判し、記録していくにちがいない。それに関与した〝現実屋〟たちの名とともに判断を誤った張本人たちとして。彼らは、人びとの「こころ」に訴えるのでなく、いとも安易に「胃袋」にばかり訴えているのだから。「人は井の乾くまで水の価値を知らず」ともいう。井戸の水が涸《か》れてなくなるまでは、水の有難みがわからない。なくなって初めてそのものの価値がわかるといわれるように、かけがえのない美しい自然や平和な生き方も、まさにそのとおり。平和は、いくら有難いものであっても、失われてからでは、もはや取り返しがつかないのだ。

沖縄県民は、戦後この方、復帰するまでの二八年間、異民族の軍事最優先の統治下に置かれてきた結果、全国最下位の所得と、全国平均の二倍の失業率を抱え、苦悶《くもん》してきた。それだけに経済発展を図り、雇用を確保することの大切さについては、何人も異存があろうはずがない。だが、持続的な経済発展は、従来どおりのやり方では、望むべくもない。外国軍隊の軍事基地に依存したり、ひたすら政府の財政投融資にぶらさがる「他力本願」のやり方では、問題は一向に解決しない。今こそ自立的、かつ内発的な意欲と手法による発展を、自らの手で図らねばならない時期にきている。いつまでも主体性を確立できずに、不労所得にもひとしい基地用地の賃貸料に依存すべきではなかろう。なぜならそのことは、他の大多数の人びとに基地の公害を被らせてやまないからだ。

自らの主権は自らにあり

ここで、私は、県出身のハワイ移民一世、賀数箸次《かかずはしじ》氏の言動を思い起こさずにはおれない。彼は、復帰前に「沖縄の主権果たして日本に有りや」という一文を草し、一九五一年のサンフランシスコ会議（対日講和会議）で諸大国が沖縄の（残存）主権が日本にあると容認したことは不当だ、として真っ向から反対した。彼のいい分によれば、沖縄の指導者たちは、全住民がまるで一羽の鶏のように取り扱われても一声を発することさえできず、〝いったい、これでも人間か〟とはがゆくてたまらない、と書いている。賀数氏は、いう。

「私は日本がきらいだからそういうのではない。アメリカが好きだからそういうのでもない。人間はおのおの自分の主権は自分になくてはならないからいうのだ。沖縄がどこに帰属しようが沖縄人の勝手でなくてはならないからだ。私はこの一声を世界中に向かって発したいのである」

賀数氏は、六一年四月にも、時の立法院議長の長嶺《ながみね》秋夫氏あてに公開の手紙を出し、同様の趣旨のことを書き送っている。すなわち、サンフランシスコ会議の各国代表者たちは、沖縄の帰属先を「あたかも一羽の鶏の持ち主を決めるかのように」処理したが、これは沖縄人の「人権」を無視した行為である。沖縄人として留意したいことは、「沖縄人は人間であって品物ではない」ということ。品物であれば、外部から〝だれの物〟として決めることもできるが、人間の場合は、当事者の承諾なしには、いかにサンフランシスコ会議でも、沖縄の「主権者」を勝手に決定することはできないはずだ、と。

さらに賀数氏は、こうも主張している。アメリカは、心の中では沖縄が基地にするために欲しくても、ソビエト連邦との対抗意識から「日本を味方に引き入れるためのエサに沖縄をつかっている」とも見られる。アメリカは、沖縄の帰属問題については「強くて弱い」立場にある。反面、沖縄人は、サンフランシスコ会議における沖縄人の「人権」を無視した決定を拒否して無効にすることができるという点で、「弱くて強い」立場にある。

だから、あくまで「主人なしの沖縄」「自由沖縄」に立ちかえったうえで、自らの将来を自ら決めるべきだ、と。彼にいわせると、当時の沖縄は、日本の束縛から逃れ、自主沖縄を創造する絶好の機会にめぐり合わせているのだから、アメリカに基地用地を使わせてやる代わりに、アメリカが責任をもって沖縄人を安全な場所に移し、「アメリカ人同様に人間として処遇する」ことを強要すべきだ、というわけだ。

そしてもし、アメリカ人がそれを聞き入れないなら、「独立して世界の沖縄になること」を志すべきだ。沖縄人にとってこれは困難な課題かもしれないが、要は、沖縄の将来の発展のために、この憎まれ役を買って出る人物が沖縄にいるかどうかにかかっている。沖縄の指導者たちのやってきたことを見ると、みんな「恐怖病にかかっている」ように見えてならない。「世界に対峙《たいじ》しても恐れない人間が沖縄にいれば幸いだが、いなければハワイにはいることをお知らせしたい。しかも沖縄の幸福を招くためなら、無給で奉仕する者がいるということをも」[2]

まさに自立心旺盛ではないか。それに反し、今日、われわれは余りにも自立心が弱すぎる。

かつて沖縄学の父と称された伊波普猷《いはふゆう》は、明治の廃藩置県は、「沖縄人にとって一種の奴隷解放だった」と述べながらも、大正時代になっても、奴隷解放はほんの形式上のことで、沖縄人はいぜんとして精神的には解放されていないと慨嘆した。そのうえで彼は、アメリカの黒人運動のリーダー、ブーカー・T・ワシントンが、個性を没却し模倣を事とするその同胞のために、精神的な奴隷解放を絶叫したことに学ばなくてはならないとして、つぎのように説いたものだ。

「近来沖縄青年の一部に、自己に対し、父兄に対し、先輩に対し、社会に対し、反抗的精神の高調しつゝあるは、やがて彼等が自己の解放を要求する内心の叫びに外ならない。これむしろ喜ぶべき現象である。願くは沖縄青年の心から自己生存の為には金力や権力の前に容易《たやす》く膝を屈して、全民族を犠牲に供して顧みないような奴隷根性を取去りたい。この根性を取去るのでなければ、沖縄人は近き将来に於て今一度悲しむべき運命―奴隷的生活―に陥るであろう。而《しか》してこれに次ぐものは社会の滅亡である。世に社会の滅亡ほど悲しむべきものはない。これまた経世家の注意すべき大問題ではあるまいか」[3]（現代仮名遣いに改めて引用）

私たちは、この優れた先達の沖縄を想う深い気持ちを共有したいものだ。

命は平等

思うに旧来の「他力本願」の手法、とりわけ基地依存の財政構造が自立的発展にほとんど寄与していないことは、これまでの実績や経験からも判然とする。第一、軍事基地が、県民の日常生活にいかなる意味でも危害を与えず、経済の自立的発展をもたらし、雇用問題を解決して、「平和」憲法第二五条がすべての国民に保障した「健康で文化的な最低限度の生活を営む権利」を真に人びとに享受させうるのであれば、さして問題にする必要はなかろう。

しかし、ある県民の一人も地元新聞への投書で述べているとおり、もし基地が経済発展をもたらし、日常生活に何の問題もないとすれば、普天間基地を抱える宜野湾《ぎのわん》市民が、そのような「金の卵」にもひとしい基地を手放すはずがない。基地が、自立的経済発展や憲法に保障された「平和的生存権」の確保に結び付かないどころか、逆に県民を日常的に基地公害に悩ませるだけでなく、生命そのものさえ危険にさらすからこそ、人びとは「命どぅ宝」の声をあげ、あえて県民の多数意思として基地の縮小・撤去を要求しているのではないのか。

この道理は、むろん、基地移設先に予定されている名護市辺野古をはじめ、周辺地域の人たちにも当てはまる。「命は平等」だから、宜野湾市民に危険なら、辺野古の住民にとっても危険なことは理の当然である。事件・事故による人命の犠牲がもつ意味の大きさは、犠牲者の数の多寡《たか》の問題ではないからだ。

しかるに目先の利益に目が眩《くら》んだ県内移設賛成論者たちは、県外・国外への移設は、「理想論」だとか「非現実的」などと非難する一方で、基地の県内移設こそが「より現実的」とか、「解釈より解決が大事」などと、奇妙な口実で事を推し進めようとしている。

したがって、彼らは、基地移設によってもたらされる生命の危険や環境破壊、その他もろもろの基地公害に目を閉じて一向に顧みようとはしない。しょせん、自らは傷つかない彼らには、そんなことは、他人事もしくは、対岸の火事でしかない。

基地——沖縄だけが過重負担

基地を県内に移設すれば、それが基地の強化・固定化につながることは、アメリカの軍事専門家や国防総省の報告書が、海上基地について、いみじくも「普天間の代替施設をつくるのではない。普天間基地のインフラを二〇%強化したものをつくる」とか、「運用年数四〇年、耐用年数二〇〇年になるようにすべての構造物を設計する」と記述していることからも判然とする。そのことは、新しい基地には、新型の垂直離着陸機MV-22オスプレイが三六機配備される予定になっている事実からも判明する。同機は二〇〇〇年四月八日、米国で訓練中に墜落し、一九人が死亡している。それも三度目の事故である。さらには、普天間基地はすでに老朽化が進み、もはや修理するだけでは軍事機能を十分に果たせないので、新たに基地施設をつくり替えることによって強化・恒久化を図ろうとしているのも間違いないだろう。

したがって、県が主張する「一五年の期限付き」などということは、「要望する」というだけのたんなる言葉の遊びか、ごまかしにすぎない。早くも日米両政府首脳が否定しているではないか。だいいち、一五年も経てば当事者たちは、現在の地位を去っていて、責任をとりうるはずがない。もしも一五年後の返還が可能だというのなら、普天間基地を他所へ移すのでなく、それ自体を一五年後に返させる方があらゆる意味で解決も早く、有利にもなる。長期にわたる建設期間も、関西空港並みといわれる巨大空港も、一兆円ともいわれる莫大な予算も要らなくなるし、基地所在地域住民の生命の危険もなくてすむからだ。県が主張するように、基地をつくらせ、後で返させて「県民財産」にするという発想こそ、むしろ非現実的だ。二五〇〇メートル級の滑走路をもつ空港をつくって民間の利用に供したいというけれども、需要と供給についてのアセスメントも何もせずに大規模な空港をつくるのは、危険ではないか。たとえば、遊休化している伊江《いえ》島の滑走路の実態を考えてみればよい。

ところで、政府・財界は、基地移設との関連で、事あるごとに日米安全保障条約の重要性だけを強調する。それはそれでわからぬわけでもない。が、米軍の駐留を法的に裏付けている安保条約にも、また日米地位協定にも、基地を沖縄に置く、とはどこにも書いてない。逆に、安保条約成立までの経過を調べてみれば歴然とするように、条約締結時には、「全土基地方式」に決まっていて、日本国中どこにでも基地を置けるようになっていた。

それを、そうはせずに沖縄に過重に押し付けたのみか、一九五〇年代後半には、本土から多くの米軍をわざわざ沖縄に移したほどだ。その後も、日本政府や経済界の首脳たちは、安保条約の重要性を強調する一方で、何人も自分のところへ基地を引き受けようとはしないのだ。

弱い立場にある人たちを犠牲にして、自らの平和と安全を図ろうとの卑劣な魂胆だ。復帰後を見ても、本土の米軍基地は、約六〇%も削減されたにもかかわらず、沖縄の基地は、わずか一五%しか削減されていない。その結果、全土の一%にも満たない狭小な沖縄に、復帰後二八年経った今も、いぜんとして在日米軍専用施設面積の七五%までが集中したままなのである。

しかも一九六一〜二年（昭和三六〜七）頃は、基地関連収入が、県の対外収支受け取り(4)の五三%を占め、当時置かれていた米国民政府の最高責任者である高等弁務官が、「基地産業」論をぶって自賛していたほどだったのが、現在ではわずか五・二%に激減している。観光産業など他からの収入が増えたからだ。そのうえ、ピーク時には、五万六〇〇〇人余の地元住民を雇っていたのが、今では八四〇〇人程度しか雇っていない。基地は、ほとんど減少していないにもかかわらずである。

■＝自衛隊基地
辺戸岬
北部訓練場（同空域）
奥間レスト・センター（同水域）
慶佐次通信所
慶佐次通信所水域
キャンプ・シュワブ水域
キャンプ・ハンセン水域
ギンバル訓練場
金武ブルー・ビーチ訓練場（同水域）
金武レッド・ビーチ訓練場（同水域）
キャンプ・コートニー水域
キャンプ・コートニー（同空域）
キャンプ・マクトリアス（同空域）
ホワイト・ビーチ地区水域
鹿児島市
大隅諸島
馬毛島
種子島
口永良部島
屋久島
薩
北緯30°
吐
噶
喇
列
島
南
諸
島
鹿児島県
名瀬市
奄美大島
喜界島
加計呂麻島
奄
美
諸
島
徳之島
硫黄鳥島
沖縄北部訓練空域
伊江島訓練空域
沖永良部島
伊平屋島
与論島
アルファ空域
伊是名島
鳥島射爆撃場水域及び空域
ホテル・ホテル水域及び空域
琉
球
列
島
粟国島
沖縄島
沖縄諸島
久米島
慶良間諸島
尖閣諸島
魚釣島
久米島訓練空域
出砂島射爆撃場水域
出砂島訓練空域
赤尾嶼射爆撃場水域及び空域
黄尾嶼射爆撃場水域及び空域
マイク・マイク水域及び空域
ゴルフ・ゴルフ訓練空域
先島諸島
伊良部島
宮古島
平良市
石垣島
西表島
多良間島
石垣市
宮古諸島
黒島
波照間島
八重山諸島
沖縄南部訓練空域
インディア・インディア水域及び空域
沖大東島射爆撃場
沖大東島射爆撃場水域及び空域
0
100km

沖縄の米軍基地及び施設・空域・水域
（平成12年３月31日現在 沖縄県総務部知事公室基地対策室「沖縄の米軍及び自衛隊基地」より）
0
10km
伊江島補助飛行場水域
八重岳通信所
伊江島補助飛行場
久米島射爆撃場水域
久米島
久米島射爆撃場（同空域）
辺野古弾薬庫（同水域）
キャンプ・シュワブ（同空域）
名護市
キャンプ・ハンセン（同空域）
陸軍貯油施設
嘉手納弾薬庫地区
嘉手納飛行場（同水域）
瀬名波通信施設
読谷補助飛行場
石川市
楚辺通信所
トリイ通信施設（同水域）
陸軍貯油施設（同水域）
具志川市
天願桟橋（同水域）
陸軍貯油施設水域
キャンプ桑江
沖縄市
キャンプ瑞慶覧
普天間飛行場
キャンプ・シールズ
牧港補給地区（同水域）
宜野湾市
浮原島訓練場（同水域）
泡瀬通信施設（同水域）
那覇港湾施設（同水域）
浦添市
ホワイト・ビーチ地区（同空域）
自衛隊基地
那覇市
工兵隊事務所
津堅島訓練場（同水域）
ホワイト・ビーチ地区水域
糸満市
台湾
与那国島
喜屋武岬
自衛隊基地
作図・日本工房

私は、日米の友好関係の重要性については、けっして否定はしない。だが、現行の安保条約のような二国間の軍事同盟的なものよりも、別の形、たとえば多国間の総合的安全保障とか、経済・文化交流などを主とした友好条約によって促進する方がよいと思う。現在のような軍事的パートナーとしての関係がつづけば、むしろ日米の友好関係自体にひびが入ることにもなりかねないからだ。

変わらぬ日本政府の対沖縄策

いささか古い話になるが、一九六五年八月一九日、時の佐藤栄作総理が日本政府総理大臣として初めて沖縄を訪問された。そして、「私は沖縄の祖国復帰が実現しないかぎり、わが国にとって戦後が終わっていないことをよく承知している」と言明し、一部の県民を感泣させた。

だが、大方は、佐藤総理が、アメリカ政府との折衝過程で、施政権返還のための「取り引き」条件として、沖縄基地の自由使用、とりわけ「核兵器」の持ち込みを提起するのではないかと不安を抱いていた。あげく一部の尖鋭な人たちは、同総理の「訪米粉砕」を叫んだり、「反復帰」論さえ唱えていた。その前日、「朝日新聞」は、「首相の沖縄訪問　期待寄せる米国」「現状固定に有利　民生安定で共同歩調　関係者の見方」といった見出しを夕刊の一面に掲げた。その中で、同紙の松山幸雄特派員は、「ニューヨーク・タイムズ」が、「佐藤訪問の主な目的は、沖縄の教育、公衆衛生、福祉施設および農業に対する日本の援助拡大の方法を案出することである」と解説しているとして、つぎのように論じた。

「戦後初の首相訪問によって住民感情が柔らげば、十一月の立法院選挙にも〝よい影響〟を及ぼすだろうし、その友好ムードは直接間接、米軍にプラスとなるだろうと期待されている。米政府がこの時期に合わせてプライス法（沖縄援助の最高支出を決めた法律）を増額改正する方針であることを（とくに沖縄）で発表させたのも、また議会で『終戦から平和条約発効までの間に、米軍によって生じた沖縄住民の損害補償』の審議を急がせているのも、いずれもこうした配慮から出たものである。軍事的な点からもこの際、沖縄の経済、社会などの面で若干の手直しをすることは、長期的にはかえって基本的な面での現状固定化に役立つものとされている」（「朝日新聞」六五年八月一八日付。傍点は引用者）

後に述べるが、現状固定化どころか、じつは施政権返還と引き換えに、佐藤総理は、とんでもない妥協をしてしまったという。

この沖縄復帰への最終段階であった七一年一一月二四日、自由民主党、公明党、民社党は、衆議院本会議において、「非核兵器ならびに沖縄米軍基地縮小に関する決議」の採択を求めた。すなわち、「わが国は、世界で唯一の核被爆国として、核兵器の持つ残虐性の中で数十万の民族の尊い生命を奪われ、いかなる理由があろうとも、再びその悲惨さをわが民族の上に繰り返し、すべての人類にもたらしてはならないことは、われわれの不変の決意」だとして、核兵器についてては、その目的と理由のいかんを問わず、すべての国における製造はもとより、実験、保有、使用の一切に反対し、核兵器の全廃を目ざすべきだ、というのが、この決議案の主旨であった。

政府は、かねてより、核兵器に対し、「持たず、作らず、持ち込まさず」という、いわゆる非核三原則を守ることを政策として明らかにしており、佐藤総理も、この非核三原則は、沖縄のみならず、わが国のすべての地域に適用されることを言明していた。

この時、同決議は、沖縄返還問題に関しても、核兵器の撤去、その確認、再持ち込みの禁止、核の隠匿などの諸問題について、いぜんとして沖縄県民並びに本土国民の不安を取り除くに至っていないことは、きわめて遺憾だといい、この政府の政策としての非核三原則を、国権の最高機関である国会において、明確に決議し、国民の総意として内外に鮮明にすることは、きわめて大きな意義があると主張している。

そのうえ、沖縄の本土復帰については、適切な手段方法をもって、沖縄に核及びその戦略施設のないことと本土復帰後も核を持ち込まない措置をとるべきだ、そのことが、核兵器並びに膨大な軍事基地によって常に生命の危険にさらされながら、不安と屈従の生活を強いられてきた沖縄県民の要求に応えることになる、と述べている。

あまつさえ、沖縄の米軍基地は、その機能においても、密度においても本土の二百数十倍に達していると言及し、政府がすみやかに沖縄の米軍基地の将来の縮小整理を保障する措置をとって、その完全なる実施を図るべきだと、つぎのような内容の決議文を採択したわけだ。

「一　政府は、核兵器を持たず、作らず、持ち込まさずの非核三原則を遵守するとともに、沖縄返還時に適切なる手段をもって、核が沖縄に存在しないこと、ならびに返還後も核を持ち込ませないことを明らかにする措置をとるべきである。

一　政府は、沖縄米軍基地についてすみやかな将来の縮小整理の措置をとるべきである。

右決議する(5)」

だが、果たしてこの決議は実行されただろうか。答えは、全くのノーだ。

一般に「歴史は繰り返す」といわれるが、沖縄については、まさしくそのことわざどおりだといえる。ちなみにこの一九六五年の佐藤総理の沖縄訪問を、二〇〇〇年の「沖縄サミット」に置き換えてみれば、日米両政府にとって「軍事的な点からも若干の手直し（普天間飛行場の返還）をすることは、長期的にはかえって基本的な面での現状固定化に役立つ（移設によって強化・固定化される）」ということになるのではないか。

「佐藤訪沖」に反対し、地元紙に抗議文を投稿した一読者は、こう述べている。

「過去二〇年間、基地の重圧を受け、いまなお戦争の危機と不安の中に放置されているわれわれには抗議の権利こそあれ、歓迎の義務などないはずだ。訪沖の目的が何たるかを知ればなおさらである。—笑顔で苦痛や悲憤を表明するような演技はわれわれにはできない。足に釘を突き刺されながら、『ようこそいらっしゃいました』なんてだれがいえようか。これまでの本土自民党政府の政策が、われわれをどれほど失望させ、苦しめてきたかを鏡にうつして示そうではないか。〝親子〟論争や〝守礼の民〟論などで、鏡をくもらせてはならない。『財政援助』『振興策』といったアメダマさえふくませておけば、沖縄人はリモート・コントロールできるなどと誤解させてはならないのだ。われわれ沖縄人は、『民生向上』『経済発展』といった謳い文句では、ぬりつぶすことのできないプライドをもっていることを強く示そう」はからずもこの投書は、サミットと引き換えに振興策をちらつかせ、沖縄本島北部への基地移設を受け入れさせた政府に抗議する昨今の新聞投書と、いわんとすることはまるで同じといってよい。

危惧されたとおり、佐藤総理は、米政府に施政権は返還させたものの、そのメリットを打ち消してなお余りあるほどの譲歩を余儀なくされてしまった。

恐怖の日米核密約

数年前、私は元京都産業大学教授、若泉敬《わかいずみけい》著『他策ナカリシヲ信ゼムト欲ス』を読んで、ショックを受けるとともに、やはりそうか、と思わずにはおれなかった。この本は、著者自らが日米両政府首脳による沖縄返還交渉の過程において、佐藤総理の〝密使〟として吉田という偽名を名乗り、ヘンリー・キッシンジャー米国務長官との間の「核密約」に関与したことを赤裸々に告白しているからだ。「核密約」については、以前から噂や断片的な資料は出ていた。が、これほどその全容について詳細に記述したものは、初めてだと思う。

　しかも、事が国家機密に属するだけに、公刊に踏み切るには相当に逡巡《しゅんじゅん》したにちがいない。が、著者は、「畏怖と自責の念に苛まれつつ私は、自ら進んで天下の法廷の証人台に立ち、（中略）私自身の行なった言動について私は、良心に従って真実を述べる」と宣誓したうえで、交渉の経緯を語っていく。

　すなわち、一九六九年一一月二一日に発表されたニクソン大統領と佐藤総理の共同声明のためにつくられた、極秘の合意議事録（草案）の一部分である。

「……日本を含む極東諸国の防衛のため米国が負っている国際的義務を効果的に遂行するために、極めて重大な緊急事態が生じた際には、米国政府は、日本国政府と事前協議を行なった上で、核兵器を沖縄に再び持ち込むこと、及び沖縄を通過する権利が認められることを必要とするであろう。さらに、米国政府は、沖縄に現存する核兵器の貯蔵地、すなわち、嘉手納、那覇、辺野古、並びにナイキ・ハーキュリーズ基地（引用者注　沖縄島八ヵ所に配備された）を、何時でも使用できる状態に維持しておき、極めて重大な緊急事態が生じた時には活用できることを必要とする」(6)（傍点は引用者）

ちなみに若泉氏は、私が詳細を知りたいとしてインタビューを申し込んだのに対し、一九九四年六月二〇日付の私あての手紙で、こう述べている。

「……この度私が本年五月に拙著『他策ナカリシヲ信ゼムト欲ス』を公刊しましたため、貴殿が貴書翰にて御指摘になられました様に、沖縄県民の皆様に〝大きな衝撃〟と〝新たな不安〟を惹き起しましたことは、事の重大さを最も強く認識している者とはいえ、責任の重大さを改めて痛感しております。そして貴殿が『県知事として、真相の解明についてできる限りのことをしていきたい』と努力しておられますことは、私なりに重々理解している積りであります」

しかし、現実は、著者のこうした自責の想い以上に厳しいものがあるといわざるを得ない。最近、米国立公文書館で戦後の機密文書が解禁された結果、これまで日米両政府で取り交わされた「密約」の内容がしだいに判明しつつある。若泉氏の本にもあるとおり、有事の際、沖縄に核兵器が自由に持ち込めるだけでなく、沖縄の核兵器の貯蔵基地を「何時でも使用できる状態に維持しておく」といった取り決めは、たんに前引の国会決議に反するだけでなく、沖縄の将来にとって由々しき問題である。それは、日本政府が国是にしているはずの「非核三原則」を文字どおり空洞化させるもので、日本の将来の運命を再び悲惨な状態に陥れかねないからだ。

一〇・一〇空襲、那覇壊滅の教訓

しかも、かつて沖縄が米軍政下におかれていた時、基地受け入れを容認する県下の市町村に対して、高等弁務官が地域振興費の名目で資金を大盤振舞いした。「高等弁務官資金」と称するにんじんを県内市町村の鼻先にぶら下げたのだ。今また、その再現を思わしめる「基地容認費」とでもいうべき資金が、地域振興に名を借りて大手を振って基地所在市町村にばら撒かれている。こうして沖縄を食いものにし、甘い汁を吸う者が横行する事態は、いつの時代も同じといってよい。

経済発展も、平和なればこそ意味がある。沖縄のいわゆる反戦地主たちが、祖先から受け継いだ大事な土地は、「戦争や殺戮と結び付く軍事基地に使わせるより、人間の幸せに結び付く生産の場にしたい」という意味もそこにある。しかも基地は、ひとたび有事になれば、真っ先に攻撃目標にされることを、わが沖縄の人たちは、よもや忘れてはいまい。

かつての沖縄戦で、先人たちが何百年もかけて営々と経済発展に力を尽くして築き上げた「沖縄」それ自体が、無数のかけがえのない文化遺産とともに一挙に壊滅させられ、すべて水泡に帰してしまった。そのことは、県民が身をもって体験したことではないか。そのことを理解するためには、今一度、一九四四年（昭和一九）一〇月一〇日の「那覇大空襲」を思い出しさえすればよい。

この日、県都那覇市は、早朝から米艦載機によって五次にわたる空襲を受け、たった一日にして街の九〇％、約一万一五〇〇戸を焼き払われた。そのうえ、沖縄守備軍配下の陸軍は、戦死者一三六人、負傷者二二七人を出した。一方、海軍は、戦死者八二人、軍夫の犠牲者一二〇人、負傷者七〇人の被害。そのほか、民間人の死者が三三〇人、負傷者四五五人というありさま。さらに船舶の損害も沈没一二〇隻余、弾薬その他の軍需物資の損害も甚大であった。とりわけ県民の一ヵ月分の食糧までもすべて焼失せしめられた[7]。その結果、その後に続く沖縄戦における住民の犠牲や苦難を倍加させるにいたった。この空襲における甚大な被害を通して、私たちは、「何のための経済発展か」を、問い返されたのではなかったのか。

それだけに今こそ、改めて「戦世《イクサユ》も済《シ》まち　みろく世もやがて　嘆くなよ臣下《シンカ》　命ど宝」（戦の世は、終わった。平和で豊かな〝弥勒世〟がやがて来る。嘆くなよ、おまえたち、命こそが宝だよ）[8]の言葉を噛みしめてみる必要があろう。なぜなら、平和は、失われて初めてその有難さがわかるのだが、それではもはや遅いからだ。

第一章　浮上する海上基地

変わらぬ基地の重圧

沖縄の米軍基地は、沖縄戦の後、米軍が接収した住民の土地に各種の施設を建設したことに始まり、戦後も強権的な土地接収によって拡大されていった。そして、一九七二年五月に沖縄が日本に復帰した後も、すでに米軍基地として使用されていた土地は、「みなし」原則と呼ばれる沖縄返還協定の第三条の規定に基づいて、本土の軍用地と同じように、日米安全保障条約と日米地位協定によって提供される「施設・区域」として、引き続き米軍が使用できるとされた。

前述のとおり、この安保条約及び地位協定のどちらにも、沖縄に基地を置くとは書かれていない。また、復帰直前の七一年には、国会において「非核兵器ならびに沖縄米軍基地縮小に関する決議」が採択されていた。しかし、県民の期待とは裏腹に、復帰後も基地の規模やありようはほとんど変わらず、戦後五〇年余を経過した現在でも、狭隘《きょうあい》な沖縄県に全国の米軍専用施設の七五%が集中したままなのである。

ところで、沖縄の軍用地は、本土のそれとは、性格を異にすることは意外と知られていない。米軍基地の所有権者について両者を比べてみると、本土の場合は、基地総面積のおよそ八〇%は、国有地である。市町村有地と民有地は、合わせてもせいぜい二〇%でしかない。しかし沖

都道府県名	施設数	順位	施設面積 (㎢)	順位	都道府県面積 (㎢)	都道府県面積に占める施設面積の割合(%)
全国	133		1,011.042		377,854.64	0.27
北海道	17	2	344.501	1	83,452.28	0.41
青森県	6	7	31.991	7	9,234.46	0.35
岩手県	1		23.265	10	15,278.22	0.15
宮城県	3	10	45.699	6	6,860.96	0.67
山形県	1		1.310	24	7,394.33	0.02
茨城県	1		1.078	25	6,093.78	0.02
群馬県	1		6.472	14	6,363.16	0.10
埼玉県	4	8	2.280	18	3,767.09	0.06
千葉県	1		2.102	19	4,995.72	0.04
東京都	7	5	15.808	12	2,102.14	0.75
神奈川県	17	2	21.436	11	2,415.11	0.89
新潟県	1		14.089	13	10,938.72	0.13
石川県	1		1.606	22	4,184.91	0.04
山梨県			46.105	5	4,201.17	1.10
岐阜県	1		1.626	21	10,209.30	0.02
静岡県	4	8	89.147	3	7,328.37	1.22
滋賀県	1		24.539	9	3,855.08	0.64
広島県	7	5	5.226	16	8,476.34	0.06
山口県	2	11	5.733	15	6,110.17	0.09
福岡県	2	11	1.414	23	4,837.21	0.03
佐賀県	1		0.014	26	2,439.18	0.00
長崎県	13	4	4.562	17	4,091.73	0.11
大分県	1		55.568	4	5,803.75	0.96
宮崎県	1		1.801	20	6,683.99	0.03
熊本県	1		26.076	8	6,907.35	0.38
沖縄県	38	1	237.592	2	2,267.88	10.48

表1　都道府県別米軍施設数及び面積

注　(1)全国及び沖縄県の施設数・面積は、那覇防衛施設局の資料（平成11年3月末現在）による。

(2)他の都道府県の施設数・面積は、防衛施設庁の資料（平成11年1月1日現在）による。

(3)都道府県面積は、国土地理院の資料（平成10年10月1日現在）による。
都県にまたがる境界不明面積（12,726.25㎢）は、各都道府県面積には含まない。ただし、全国面積には計上している。

(4)富士演習場は、静岡、山梨両県にまたがる。

出典　「沖縄の米軍及び自衛隊基地」平成12年3月（沖縄県総務部知事公室基地対策室）

縄の場合は、軍用基地に提供されている国有地は約三四・一％で、県有地が約三・五％、市町村有地が約二九・二％で、民有地が約三三・三％となっている。つまり、沖縄では、公有地と民有地を合わせると、約六五・九％になるのである（九九年三月現在）。

基地の整理・縮小——三つの事案

基地の整理・縮小については、地位協定に基づいて設けられた日米合同委員会が、個別案件について話し合うことになっている（第二章で詳述）。一九九〇年六月の日米合同委員会では、日米両政府が一七施設二三事案について、所要の調整・手続きを進めることで合意しており、これらの課題がすべて解決すれば、合わせて約一〇〇〇ヘクタールに及ぶ基地が返還されることになるはずであった。そして、私の知事二期目がスタートする時点までに、この半数近くは返還されたが、重要な基地ほど手付かずのままであった。そこで私はスタッフと話し合い、県民の生命の安全と暮らしにとって大きな影響を与える三つの基地案件を最重要課題として絞り込んで、それらを早期に解決するよう日米両政府に働きかけを強めていった。いわゆる「三事案」と呼ばれるのがそれであった。

すなわち、

(一) 県道一〇四号線越えの実弾砲撃演習の廃止

㈡　読谷《よみたん》補助飛行場におけるパラシュート降下訓練の廃止と施設の返還
㈢　那覇港湾施設の早期返還
である。
まず、最初の問題は、戦後五〇年が経った時点でも、県民の生活を破壊し命を脅かす実弾砲撃演習が続行していることであった。これは、行政を預かる者として耐え難いことだった。
この榴弾砲による実弾砲撃演習は、金武《きん》町にある海兵隊の基地、キャンプ・ハンセン演習場で行われ、演習時には県民の生活道路である県道一〇四号線を封鎖して、西方にある恩納《おんな》岳とブート岳の山腹めがけて実弾砲撃をするものだ。着弾地は、約一〇・五平方キロメートルの広さに及び、その周辺には緩衝地帯が設けられている。
この地域には県民の水ガメであるダムがあるうえに、砲撃目標とされた恩納岳は、古来、琉歌に詠《よ》まれてきたこともあって、民謡を指導する人びとにとっては、いわば「神聖な場所」。そのため、付近の住民は、演習があるたびに抗議行動をつづけていた。実弾砲撃演習はたんに事故が多発して危険だということばかりでなく、米軍が地元住民の生活より自らの軍事的立場を優先させ、伝統文化と因縁の深い山々を見るも無残に破壊して顧みないことに対する怒りからであった。
沖縄の基地は、日米いずれの環境法も全く適用されていない。ちなみに、ハワイなどでは樹

県道一〇四号越え実弾砲撃演習（写真提供／琉球新報社）

木を標的にして砲撃することは禁止されているが、沖縄ではそんなことに関係なしに自由にやれるのだ。また、ハワイや日本本土では、環境法の厳しい適用を受け、一回の演習ごとに必ず不発弾の処理を行い、そのうえでつぎの演習をするのが慣例だが、ここではその処理すら行われていなかった。結局、この榴弾砲による一〇四号線越えの実弾演習問題は、一九九五年に、本土の五ヵ所へ移設・分散することで一部を解決することができた。しかし、県道越えの演習はなくなったが、キャンプ・ハンセンでは、実弾を使った射撃訓練、爆破訓練、廃弾処理訓練等がいまだに日常的に行われている。とくに、発火性の高い曳光弾や迫撃砲の演習によって、原野火災が頻繁に起こっている。

二番目の読谷補助飛行場でのパラシュート降

下訓練も、かねてから施設外の民間地域への降下ミスの危険性が指摘されていた。そのため、村役場では訓練があるたびに村長以下の役場幹部が仕事を中断して、現場で米軍に抗議する事態を繰り返していた。この降下訓練は、主として米陸軍の特殊部隊、グリーン・ベレーが実施しているが、兵員だけでなく車両などの降下も行うため、過去に死傷事故もあり、その危険性がいく度となく指摘されていた。そのため、県議会でも事態を深刻に受け止め、「読谷補助飛行場におけるパラシュート降下訓練中止に関する意見書」を採決していた。そんなこともあって、県は粘り強い折衝をつづけた結果、この問題にも何とか一応の決着をつけることができ、一九九六年に伊江《いえ》島補助飛行場へ移転することで合意された。

最後の那覇軍港返還問題は、つとに七四年に日米安全保障協議委員会(9)（2プラス2）で返還が了承されていたものだ。しかし、同案件は、県内移設の条件付きとなっていたため、県内には移設先もなく、返還計画は店晒《たなざら》しにされたままだった。

那覇軍港は、那覇空港と市内を結ぶ幹線道路沿いにあり、その立地条件から、跡地の高度利用が期待されていた。県は、自立経済を確立するためにも、一日も早くその返還を実現し、跡地利用に着手するとともに、基地の整理・縮小に弾みをつけよう、と三事案の中に組み込んだのであった。しかし、地主たちの反対や那覇市の意向、移設先の問題等もあって、いまだにその解決は宙に浮いたままとなっている。

県は、これら三事案の中には普天間《ふてんま》飛行場の返還を入れていなかった。県民の生命・財産を保護するうえからは、その解決も緊急を要する課題と認識していたが、当時はその実現の可能性は低いと厳しい見方をしていたからだ。むろん、県と宜野湾《ぎのわん》市は、機会あるごとにその返還を日米両政府に要請しつづけてはいた。

こうした経過にふれるのは、名護《なご》市民を二分する大問題に発展したキャンプ・シュワブ沖の海上ヘリ基地問題が、一つには、長い前史を持っていることを理解していただきたいからだ。とりわけ後で見るとおり、日米両国の大手ゼネコンが相当早い時期から海上基地の誘致案を練り上げて日米両政府に働きかけていたことや、普天間基地の返還が決定されたことに伴って、代替施設の移設先として名護市の辺野古《へのこ》に決定するにいたった経緯について、本書で明らかにしたいと考えたからだ。

それとは別に、良きにつけ悪しきにつけ、わが沖縄が全国から注目されるにいたった「代理署名の拒否」問題についても、改めて検証してみることにした。同時に米軍が基地を建設するために地元住民の土地を「強制使用」する問題についても、紙幅の許す範囲で言及してみたい。というのは、この土地問題の解決こそが、懸案の基地問題を解決する鍵だと思われるからだ。

代理署名拒否の背景

一九九五年二月、アメリカ国防総省ジョセフ・ナイ国防次官補による「東アジア戦略報告[10]」（ナイ・リポート）が連邦議会に提出された。この報告書の作成を委嘱したウイリアム・ペリー国防長官は、序文でつぎのようにその趣旨を語っている。「これは、過去二回の報告書、つまり『アジア戦略構想』（一九九〇、九二年）に取って代わるものであり、前者（の兵力削減）とは対比的に現状の一〇万人体制を維持するものである」と。

共和党のジョージ・ブッシュ政権下の九〇年の戦略構想では、向こう三年間に一一〜一二％の兵力削減を計画していて、これに沿って日本では、沖縄を中心に六〇〇〇人の人員が削減された。そして、アジア・太平洋における駐留米軍の兵力は九〇年の一三万五〇〇〇人から、九四年には一〇万人に減っていった。九二年の報告書では、さらに九万人まで減らす計画となっていた。

しかし、九四年にこの削減計画は凍結された。ブッシュ政権から民主党のビル・クリントン政権へと代わると、ペリー国防長官は、「今世紀、米国は、過去二回の世界大戦、つづく朝鮮・ベトナム戦争の後、拙速に世界から軍事撤退をし、世界を不安定にしてしまった。冷戦が終わった今、同じ間違いをしてはならない」と軍縮を否定する考えを表明した。ナイ国防次官補は彼の意向を体し、「世界で二つの大きな戦争が起こっても、それに対処し得るだけの海外駐留兵力を米国は維持しなければならない」といい、「そのために九万人体制では不十分で、一〇万人は最低限必要」と兵力維持の必要性を強調した。かくしてアジア・太平洋地域は、アメリカの世界戦略上重要だとして、将来にわたって「一〇万人の駐留が維持されなければならない」ということになった。米軍一〇万人というのは、在韓米軍三万七〇〇〇人と、在日米軍四万七〇〇〇人が主力とされている。その在日米軍の約六割は沖縄に駐留している。

従来の日米安全保障体制は、ソビエト連邦を仮想敵国にしてつくられていた。しかしソ連邦が崩壊し、冷戦が終結すると、米軍にとって、沖縄基地がよりグローバルな範囲における防衛戦略のために重要となるというのが、ナイ国防次官補の考え方であった。

つまり、日米安保体制が、アメリカの世界戦略の一環として地球規模に拡大される形となったのだ。こうして、民主党政権下で、九八年一二月に米英によるイラク空爆があり、翌九九年一月にクリントン大統領は、米国が世界最強の軍隊を維持するため、国防予算を大幅に増額すると発表。翌月、国防総省は、二〇〇〇年度分として総額二六七二億ドルの予算を組んだ。一方、同年一〇月には、米上院は、国際的な核軍縮・管理体制の柱となっている包括的核実験禁止条約（CTBT）の批准を否決した。

それに伴い、日米両国の軍事力はいちだんと増強され、協力体制も強化された。

すなわち、「東アジア・太平洋地域米国安全保障戦略」の四回目の報告書によると、九六年四月の「日米安全保障共同宣言」と九七年九月の新しい「日米防衛協力のための指針[11]」（ガイドライン）が、合意されたとある。これを受けて、戦争協力法ともいうべき、新ガイドラインの実施に関する三法案が、九九年五月に国会で可決、成立したのである。また、同年末、戦域ミサイル防衛（ＴＭＤ）の日米共同研究が、九億六二〇〇万円の予算で進められることに決定した。

このような情勢下で、ナイ・リポートが提起したとおり、もしも一〇万人体制が今後も維持されるとなれば、在沖米軍の兵力の削減は困難になり、基地そのものも固定化され、恒久化されるおそれがあった。私は、「基地の整理・縮小」を公約に掲げ、知事として二期目をスタートさせたばかりだった時にこのナイ・リポートを読んで、大きなショックを受けずにはおられなかった。

この年は、県内の米軍用地の一部の土地の契約を更改しなければならないだけでなく、地主が契約を拒否した場合には強制使用する手続きをしなければならない年に当たっていた[12]。が、私は、このまま基地が存続・固定化するような状況下では、契約を更改すべきでないと密かに心に決めていた。そして同年九月に、駐留軍用地の強制使用に関わる代理署名を拒否した（第三章で詳述）。そうしたのは、ナイ・リポートを読んだのが直接のきっかけであった。

米政府が、冷戦後も軍事力を強化することによって、「国家の安全保障」を図ろうとしていることについて、私は、むしろ「人間の総合的安全保障」を考えるのが冷戦後の課題と考えていた。人間の総合的安全保障というのは、たんに兵力や軍備を削減したり、あるいは兵器を廃絶するだけでは、必ずしも達成できないと考えていた。つまり、ヨハン・ガルトゥング教授[13]が唱導するように、「直接的暴力」といわれる戦争を防止するだけでは十分ではなく、教育や貧困、医療、社会的公正の問題など、いわゆる「構造的暴力」をなくし、真の平和を築くための総合的な取り組みが不可欠だ。そこから、私は、国家の軍事的安全保障のみにとらわれず、国境を越えてじかに生身の一人ひとりの人間に向き合い、その安全と平和を図ることが大事であると考えていたのである。

ところが、九五年九月四日に米兵三人による少女暴行事件が発生。翌一〇月二一日には、事件自体のみならず米軍や日本政府の対応に怒った八万五〇〇〇人もの県民が宜野湾市に集結、復帰後では最大規模となった県民総決起大会を開いて、日米両政府に抗議し、基地の整理・縮小と地位協定の見直しを求める大会決議を採択した。そこで私は、一人の少女の人権、人間としての尊厳さえ守ることができなかったことを県民に詫びねばならなかった。

そのような状況の中、九月二八日に、私は県議会で土地の強制使用に関わる代理署名を拒否することを正式に表明した。それにつづく裁判闘争においても、私は基地公害に苦悩する被害者一人ひとりとまともに向き合って対処してきた。これら一連の米軍基地にまつわるさまざまな出来事によって、沖縄の基地問題は、否応なしに全国の注目を浴びるようになった。

そのため、日米両政府は、沖縄の米軍基地問題に正面から対応を迫られることになり、基地問題を解決するいくつかの正式の仕組み（協議機関）ができた。その一つが、「沖縄における施設及び区域に関する特別行動委員会」すなわち世にいうＳＡＣＯ[14]である。そのほか同じ頃に、政府と沖縄県との協議機関、「沖縄米軍基地問題協議会[15]」も閣議決定によって設立された。また翌九六年五月には、「普天間飛行場等の返還に係る諸問題解決のための作業委員会[16]」（タスクフォース、あるいは作業委員会）もできた。だが、何よりも嬉しかったのは、同年九月に「沖縄政策協議会」が閣議決定で発足したこと。同協議会は、総理大臣と北海道開発庁長官を除くすべての大臣と沖縄県知事が出席して、沖縄問題についてあらゆる角度から話し合う場となったからだ。

普天間飛行場全面返還は決まったものの……

一九九六年一月、村山富市《むらやまとみいち》総理が退陣し、新たに橋本龍太郎《はしもとりゅうたろう》内閣が発足した。橋本総理は二月に訪米し、カリフォルニア州サンタモニカでの日米首脳会議で、クリントン大統領に、沖縄の米軍基地問題と関連して、その整理・縮小について言及されたと報じられ、ホッとするとともに嬉しかった。

普天間飛行場(写真提供／沖縄タイムス社)

普天間飛行場は、米海兵隊の基地で、宜野湾市の中心部に位置し、その面積は四・八〇六平方キロメートル、同市全面積の二五％を占めている。周囲を国道と県道に囲まれ、住民地域に隣接しているところから、同市の都市計画上も大きな支障を来《きた》しているばかりではなく、ヘリコプターの墜落事故や、航空機騒音、電波障害、基地内からの廃水公害などで市民生活に悪影響を与えていた。

この普天間飛行場は、四五年、米軍の上陸が始まると同時に、米陸軍工兵隊が本土決戦にそなえて滑走路を建設して使用し始めた。戦後、各地の収容所から解放された地元住民が、基地の周辺に住宅を建てて住み着くようになった。だから米軍は、住民が基地から派生するさまざまな公害に文句をいうと、「もともとあった飛

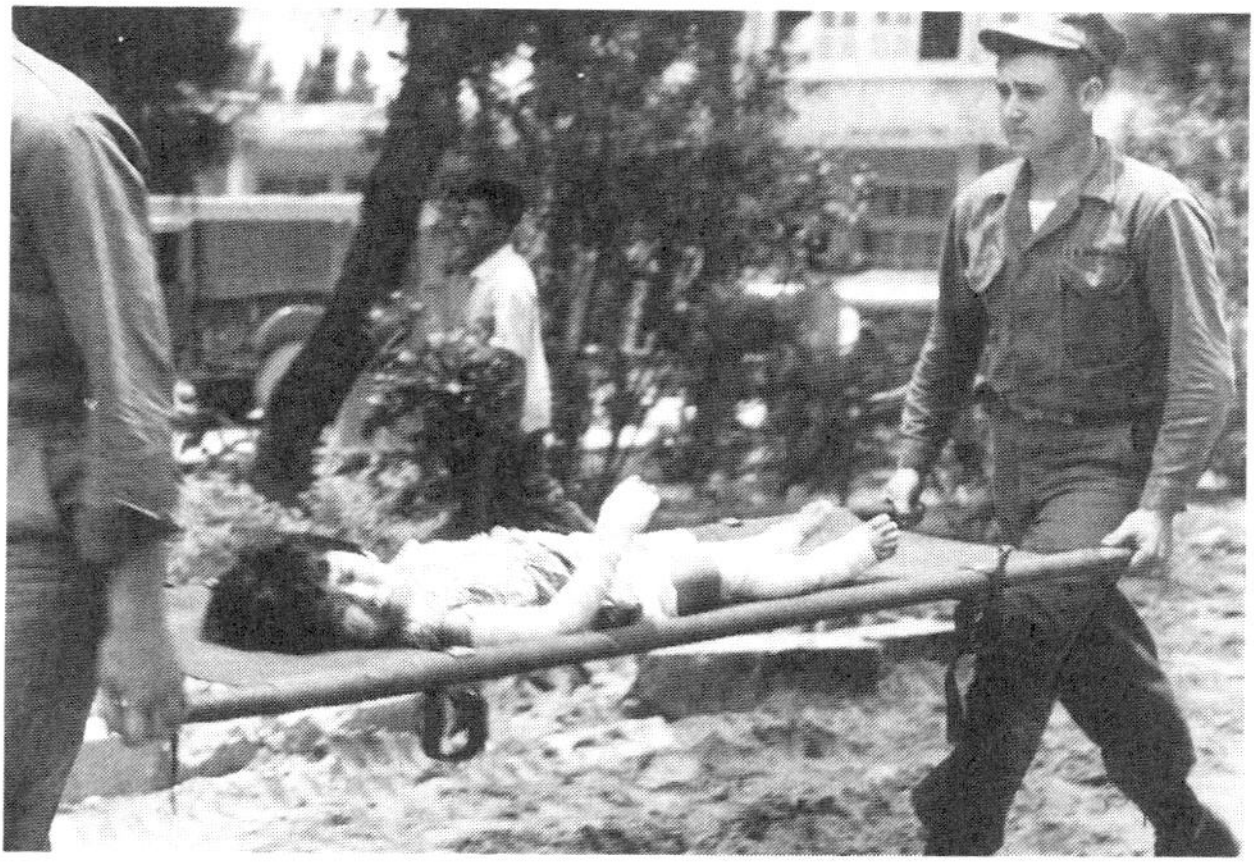

宮森小学校のジェット戦闘機墜落事故(写真提供/琉球新報社)

行場に隣接して、市民が住宅や学校を建てたのではないか」と反論する。しかし、住民は、「そこはもともと自分たちの土地であり、しかも飛行場は市のど真ん中にあって、市の面積の二五%以上を占めている。学校を建てるにも飛行場の周辺にしか土地はない」と反論していた。こうして、宜野湾市民は、常に事故の危険と隣り合わせで生きるしかなかった。

しかも、現在、飛行場の周辺には、一六の学校があり、八万人もの市民がひしめいていて、市民は日常的に生命の安全を脅かされている。もし事故が起きれば、大惨事になることは明らかだ。

五九年六月三〇日に沖縄本島中部、石川《いしかわ》市の宮森《みやもり》小学校に、嘉手納《かでな》基地所属の米軍のジェット戦闘機が墜落する事件が起こった。[17] 一七人

コザ騒動（写真提供／琉球新報社）

（児童一一人）の死者と二一〇人の負傷者（児童一五六人）を出すという大惨事となった。したがって、もし、普天間基地で同様の事故が起きれば、もはや行政ではコントロールできない事態が発生しかねないと、いつも懸念されていた。

というのは、私の頭の片隅には、常に七〇年一二月に自然発生的に起こった「コザ騒動事件」のことがあったからだ。本島中部のコザ市（現在の沖縄市）で、米軍人が運転する車が道路横断中の一人の地元住民をはね、全治一〇日間の傷を負わせた。ところが、米軍憲兵がこの事故を一方的に処理したり、住民に対して威嚇発砲したことに端を発して、コザ市の市民数千人が群集化し、米軍車両に放火したり基地内に突入するなどして、騒動に発展した。あげく二一人が逮捕され、米軍側六一人、市民側二七人が負傷、米軍車両を含め八二台が破壊もしくは焼き払われたのだ(18)。

九六年四月一二日の昼過ぎ、知事執務室に、橋本総理から突然電話があり、私は、「普天間基地を返させることになった」と聞かされて驚いた。

私が、総理のご尽力にお礼をいうと、総理は、「ただし、県内に代替施設が必要となるかもしれないので、知事もできるだけ協力してほしい」という趣旨のことをいわれた。

それに対し、私は、「普天間の返還は大変ありがたいですが、協力できることと協力できないことがあります。代替施設を県内に求めることになると、それは重大な問題ですから、三役会議などに諮《はか》らなければなりません」と申し上げた。

すると橋本総理は、「私だって連立を組んでいるけれど、だれにも相談しないで自分の一存で決断したんです。知事も自分で決断するべきです。ここにモンデール駐日大使がおられるから、直接大使とも話してください」といって、電話を代わられた。そこで私は、モンデール大使にも普天間の返還に尽力していただいたことにお礼を申し上げた。おそらく、お二人とも共同記者会見場に入る前のあわただしい時間に、普天間返還の朗報を真っ先に私に知らせようと配慮してくださったにちがいない。が、私は嬉しく思う反面、県内への代替施設が必要と聞いて、喜びが半減せざるを得なかった。

モンデール大使は、沖縄問題の解決については、とても協力的だった。大変品格があり温厚な方で、東京の大使館でお会いした時、「ホットラインを設けるから、どんな小さなことでも、いいたいことがあったら直接いってください」といわれたほどだった。普天間返還が発表された数日後に催されたクリントン大統領来日歓迎昼食会の際も、大使は橋本総理とともに、私を大統領に紹介する労をとってくださった。

橋本総理から電話をいただいて間もなく、橋本総理とモンデール駐日大使共同の緊急記者会見が開かれ、普天間基地の返還が正式に公表された。私はテレビでその模様を見たが、いくつかの合意事項のうち、「在沖米軍の基地機能を低下させないようにするため、普天間の一部機能を嘉手納基地内に移転統合し、嘉手納基地を中心とする沖縄県内の米軍基地内に米海兵隊のヘリコプター部隊のヘリポート基地を新設する」という合意文が、強く印象に残った。同時に、何となく重苦しい感じがしてならなかった。

SACOの中間報告と県内移設

普天間基地の返還を聞いた沖縄県民の反応は、かつて土井たか子さんがいわれた「山が動いた」に似たものであった。考えてもみなかった返還がとうとう実現するからである。ただ、地主たちは、返還される喜びと、収入がなくなる不安とが入り交じり、反応は必ずしも一様ではなかった。

この日米両政府合意の三日後、一九九六年四月一五日に、両国政府は、日米安全保障協議委員会を開き、在沖米軍基地の整理・統合・縮小を検討してきたSACOの中間報告を発表した。この中間報告には、普天間飛行場や瀬名波《せなは》通信施設などの全面返還と、キャンプ桑江《くわえ》の大部分の返還など一一の基地施設の全面または部分返還や県道一〇四号線越え実弾砲撃演習の廃止などが含まれていた。ちなみに返還が合意された一一の施設の面積は、県内米軍基地施設面積の二一%、五〇〇二ヘクタールにのぼった。

それより以前、県は、二一世紀にむけた沖縄のグランドデザインである「国際都市形成構想[19]」の目標年次の二〇一五年を目途に、県内の米軍基地の計画的、段階的な返還を目指す「基地返還アクション・プログラム[20]」を作成していた。これは、表2に示すとおり、まず、第三次沖縄振興開発計画が終了する二〇〇一年までに一〇の基地施設の返還をはじめ、現在、国において作業中の次期全国総合開発計画の想定目標年次の二〇一〇年までに一四の施設の返還、そして国際都市形成構想の実現目標年次の二〇一五年までに一六の施設をすべて返してもらうという計画だ。県では、この「国際都市形成構想」と「基地返還アクション・プログラム」を県の基本政策として明確にして、日米両政府に示すとともに、日本政府に対しては、これを国の政策としてもらうよう要請した。SACOの中間報告では、この計画の第一期目の返還目標を

第1段階(2001年まで)の返還要望施設	第2段階(2010年まで)の返還要望施設	第3段階(2015年まで)の返還要望施設
那覇港湾施設	泡瀬通信施設	伊江島補助飛行場
読谷補助飛行場	安波訓練場	浮原島訓練場
工兵隊事務所	トリイ通信施設	鳥島射爆撃場
キャンプ桑江（一部）	瀬名波通信施設	出砂島射爆撃場
知花サイト	キャンプ・コートニー	久米島射爆撃場
普天間飛行場	キャンプ・マクトリアス	黄尾嶼射爆撃場
奥間レストセンター	慶佐次通信所	赤尾嶼射爆撃場
ギンバル訓練場	八重岳通信所	嘉手納飛行場
金武ブルービーチ訓練場	北部訓練場	嘉手納弾薬庫地区
天願桟橋	辺野古弾薬庫	キャンプ・シールズ
	牧港補給地区	陸軍貯油施設
	キャンプ瑞慶覧	ホワイト・ビーチ地区
	キャンプ桑江（一部）	津堅島訓練場
	楚辺通信所	キャンプ・シュワブ
		キャンプ・ハンセン
		金武レッドビーチ訓練場

表2　基地返還アクション・プログラム

出典　「沖縄の米軍及び自衛隊基地」平成12年3月（沖縄県総務部知事公室基地対策室）

一つ上回る、一一の施設を返還することが発表された。

しかし、もともと沖縄の基地をめぐる日米の交渉は、一見沖縄に有利な状況を与えるふりをして、実際には以前よりもっと重い負担を沖縄に強いるという歴史の繰り返しであった。SACOの中間報告も、一一の施設の返還、面積にして全施設の二一%が削減される点については一定の評価はできるものの、一一の施設のうち七つの施設までが、県内への移設を前提条件にしていたのである。

繰り返していうが、沖縄には、全国の米軍専用施設面積の七五%が集中している。沖縄本島に限っていえば、その二〇%が米軍基地に占有されている。しかも、そのほとんどは、人口の密集する沖縄本島の中南部に集中している。「沖縄に基地がある」のではなく、「基地の中に沖縄がある」といわれるゆえんだ。これ以上新たな基地をつくることは、物理的にも不可能だし、もし可能だとしても、新しい施設をつくってしまえば、沖縄の米軍基地の永久的固定化につながりかねない。また、面積にして二一%の施設を返すといっても、その大部分は、米軍があまり必要としない本島北部の演習場である。私たちが希望しているのは、基地が密集している中南部の基地の返還であった。仮にこの二一%が返されたとしても、在日米軍専用施設面積の七〇%は、いぜんとして沖縄に残ることになる。

普天間基地の代替候補地

普天間飛行場の返還が発表されてから、県民の最大の関心は、普天間飛行場に代わるヘリ基地をどこに建設するかということであった。日米両政府の合意内容には「嘉手納飛行場を中心に」という言葉があった。しかし、表にもあるとおり、沖縄本島中部の嘉手納町は、町面積の八三％がすでに基地に取られていて、同町に移設することは、町民の反発を買うことは明白だった。事実、ＳＡＣＯの中間報告の発表の翌日には、町議会は、県に対しＳＡＣＯの中間報告に強く抗議したうえ、国へ撤回を求めるよう要請していた。私としても、嘉手納町への移設は容認できなかった。

ヘリ基地の代替施設の移設候補地として、嘉手納弾薬庫付近、読谷地域、中城湾《なかぐすく》のホワイト・ビーチ水域、キャンプ瑞慶覧《ずけらん》の米軍ゴルフ場、キャンプ・シュワブ沿岸など、いくつかの地域の名があがった。そのたびにマスコミは大々的に報じたが、注意深く読むと、その情報の出所はいずれも不明であった。

嘉手納弾薬庫付近は、読谷村の集落の近くにあり、沖縄市からも近い。弾薬庫に近い危険性もあった。一帯は、樹木が生い茂っていて、そこに基地をつくるとなると、すぐに自然破壊の問題が起こる懸念があった。付近では、希少動植物が一六種も生息していることが確認されて

市町村名	施設面積(ha)	市町村面積(ha)	市町村面積に占める割合(%)	全施設面積に占める割合(%)
国頭村	1,194	19,480	23.1	18.9
東村	3,394	8,179	41.5	14.3
名護市	2,335	21,024	11.1	9.8
本部町	1	5,429	0.0	0.0
恩納村	1,493	5,071	29.4	6.3
金武町	2,245	3,769	59.6	9.4
宜野座村	1,609	3,128	51.4	6.8
伊江村	802	2,273	35.3	3.4
石川市	140	2,112	6.6	0.6
沖縄市	1,761	4,899	36.0	7.4
与那城町	0	1,884	0.0	0.0
勝連町	184	1,317	14.0	0.8
具志川市	296	3,199	9.3	1.2
読谷村	1,567	3,517	44.6	6.6
嘉手納町	1,246	1,504	82.9	5.2
北谷町	768	1,362	56.4	3.2
北中城村	211	1,151	18.3	0.9
宜野湾市	641	1,937	33.1	2.7
浦添市	279	1,894	14.8	1.2
那覇市	57	3,898	1.5	0.2
仲里村	4	3,773	0.1	0.0
具志川村	0	2,548	0.0	0.0
渡名喜村	25	374	6.7	0.1
北大東村	115	1,310	8.8	0.5
石垣市	92	22,885	0.4	0.4
基地所在市町村	23,759	127,917	18.6	100.0
全県	23,759	226,788	10.5	100.0

表3　市町村別米軍基地面積

注　(1)施設面積は那覇防衛施設局の資料（平成11年3月末現在）による。

市町村面積は国土地理院の資料（平成10年10月1日現在）による。

ただし、境界未定部分については、平成11年普通交付税の算定に用いる市町村面積の協定によって確定。
(2)計数は四捨五入によるため、符合しないこともある。
(3)「0」は表示単位に満たないものである。

出典　「沖縄の米軍及び自衛隊基地」平成12年3月（沖縄県総務部知事公室基地対策室）

いた。

読谷地域は、私も自ら足を運んでみたが、そこには、樹齢も古い松林が広がり、近くには県民の水ガメとなっているダムもあった。いきおい、そこへの移設も、とうてい容認することは難しかった。

そのうえ、中城湾のホワイト・ビーチ水域については、当時、「国際都市形成構想」との関連で、県は、自由貿易地域の拠点づくりを目指して埋め立てを開始したばかりで、ここも代替地としてはふさわしくなかった。

また、キャンプ・シュワブ沿岸は、名護市議会が二回も反対の意思表示をしており、日米両国政府が合意した後も、比嘉鉄也《ひがてつや》市長は「地元を無視した頭ごなしのやり方」として反対の意思を表明していた。

ともあれ、移設先に取りざたされた読谷村、嘉手納町、北谷《ちゃたん》町、名護市、金武町では、相次いで市民、町民、村民総決起大会を開き、普天間飛行場の返還に伴う滑走路などの移設に反対することを表明した。そして、県に対しては、移設撤回を日米両政府に働きかけるよう、市町村議会をはじめとするさまざまな団体から強い要請がなされた(21)。

こうして県は、米軍基地問題協議会の幹事会、タスクフォースなどの機関において、常に「沖縄県内に基地を移すことは物理的に無理です。そのことを理解するため、どうかご自分の目で確かめてください」といいつづけてきた。しかし、政府からの回答は、決まって「県内移設こそが沖縄にとっての最善の方法です」という素気ないもので、納得のいく答えは得られなかった。

普天間基地の代替移設地として、グアムとハワイが最適だと私は考えていた。以前から私は、グアムやハワイを訪問し、現地の状況を調査していたからだ。グアムのアンダーソン基地は、もともとB52の基地で、規模は嘉手納より大きいが、ほとんど使われていなかった。したがって、普天間基地の兵力をグアムに移すことは、けっして不可能なことではなかった。グアムの知事とも会ったが、少なからぬグアムの人びともそれを望んでいるとのことであった。

ハワイの場合は、住民の住宅地域と軍事基地が遠く離れており、じかに付近住民に被害が及ぶような状態ではなかった。また、ハワイ州では、環境保護法が厳しく適用されていて、樹木をターゲットにして実弾砲撃演習をすることは禁止されていた。ハワイ州のベンジャミン・J・カエタノ知事が「海兵隊は、われわれにとって兄弟であり子どもであり父親である。われわれは彼らを歓迎する」といっていた。また、同州の議会は、沖縄県民の要望を叶えるよう、決議を採択したほどだ。こういうことからも、私は、普天間基地の代替地として、グアムやハワイ州も選択肢の一つだと考えていたわけだ。

海上ヘリポート案の浮上

普天間飛行場の代替施設を海上ヘリポートにするという案が突如浮上してきた。一九九六年九月一七日、沖縄を訪れた橋本総理が、沖縄コンベンションセンターで行われた「県民へのメッセージ」と題した講演の中で、普天間飛行場の移設問題にふれ、「日米協議の場で、米国側から撤去可能な海上ヘリポート基地を建設する可能性を、日米両国の技術を結集して研究するという新たな提案があった」と述べたからである。そのうえで橋本総理は、自然破壊につながらない、しかも撤去可能な海上案を一つの選択肢として、いろいろな可能性を探ってきたことを明らかにした。

沖縄側は、それまで「基地の強化・固定化には絶対に反対する」といいつづけてきたので、固定せずにいつでも解体できる一時的なヘリポート、という印象を一般には与えたかもしれない。しかし、私自身が海上への移設案についての具体的な話を聞いたのは、この時が初めてであった。

こうして、一二月にSACOの最終報告が両政府によって承認され、海上ヘリポート基地計画の概要が明らかになった。それによると、施設は、一三〇〇メートルの滑走路を備えた全長一五〇〇メートル、幅約六〇〇メートルの規模で、陸地とは桟橋または連絡路で結ばれることが明らかとなり、ヘリポートと呼ぶにはあまりにも大規模すぎた。

工法としては、杭式桟橋方式（浮体工法）、箱（ポンツーン）方式、半潜水（セミサブ）方式の三つがあるほか、移設候補地としては「沖縄本島の東海岸沖」に建設すること、さらに、今後「五年乃至《ないし》七年以内に、十分な代替施設が完成し運用可能になった後、普天間飛行場を返還する」こと、そして遅くとも一年後の九七年一二月までに、建設地決定を踏まえた実施計画を作成することなども判明した。

この橋本総理の発表した海上ヘリポート基地建設案について、ある防衛庁幹部は、つぎのように証言している。

「防衛庁が海上基地について官邸から知らされたのは、発表が間近になってからだった。防衛庁ではまだ嘉手納集約案の可能性について米側や沖縄側と検討作業の段階であったので、突然の展開に驚かされた。

橋本総理は、沖縄県民の負担をできる限り少なくするという観点から、騒音、危険性の面を考え、必要性がなくなったら撤去できるという利点を持つＱＩＰと呼ばれる杭式桟橋方式の海上基地に識見を持っておられた。

九六年九月になって米側の出したＭＯＢと呼ばれる移動可能な自走式の基地案も、海上基地というアイデアでは同じであった。その後、メガフロートの工法も出され、一二月のＳＡＣＯ

海上ヘリポート案　上：杭式桟橋（浮体工法）方式　中：箱（ポンツーン）方式　下：半潜水（セミサブ）方式
（アメリカ会計検査院〈GAO〉"OVERSEAS PRESENCE" より・1998年3月）

最終報告では三案併記の形となった」[22]

こうしてみると、この海上施設の問題は、海兵隊中尉として沖縄に駐留した経験を持つロバート・ハミルトン氏がいみじくも指摘したとおり、本来の安全保障問題とはほとんど関係はなく、日米のゼネコン同士の争いだと見るのは当然であった（第四章で詳述）。

SACOの最終報告では、この海上施設の建設にかかる費用は、およそ四〇〇〇億円から五〇〇〇億円という。しかし、後述するアメリカ議会の会計検査院（GAO）の試算では、「少なく見積もっても九〇〇〇億円はかかる」とされていたし、一部の軍事評論家たちは「約一兆円はかかる」と公言していた。

経済不況のおり、一兆円の工事はだれしもが受注したいと願う絶好の獲物であろう。私がアメリカを訪問中、アメリカのゼネコンの関係者が、「こんなのはどうか」といって二、三の設計図を見せにきたものである。

また、世界初のメガフロート工法による基地建設成功という栄誉をめぐっても、二一世紀をメガフロートの時代と考える日米両国のゼネコン同士が争っていた。

それとは別に、沖縄県内の一部の土木建築業者たちは、シュワブ沿岸の埋め立て案を強く主張していた。海上施設では本土とかアメリカの業者が工事を請け負ってしまうので、地元の業者は手が出せないというわけである。彼らは、私がアメリカで交渉している間にも、国防総省まで押しかけて埋め立て案を訴えていたという。

第二章　名護市への海上基地移設

移設先の事前調査

一九九七年一月二一日、那覇防衛施設局の嶋口《しまぐち》武彦《たけひこ》局長は名護《なご》市の比嘉鉄也市長にキャンプ・シュワブ水域の事前調査受け入れを要請した。調査といっても、基地建設を前提にしたものと見られていた。

要請に対し、比嘉市長は「県の同席がないので、受け入れられない」と拒否した。しかし、県としては、基地の移設問題と北部の振興策とは別次元の問題だと考えていた。したがって、県は、北部振興策については可能なかぎり地元との協議に応じる態度をとりながら、基地の移設問題に関しては、一義的には法規に基づいて国と地元の問題だとして一線を画していた。

沖縄に米軍基地を置く根拠となっている日米安全保障条約は、その第六条で「日本国の安全に寄与し、並びに極東における国際の平和及び安全の維持に寄与するため、アメリカ合衆国は、その陸軍、空軍及び海軍が日本国において施設及び区域を使用することを許される」と明記している。県は、「沖縄における施設及び区域に関する特別行動委員会」（SACO）のメンバーでもなければ、そこで決定したことや決定にいたる経過について説明さえ受けていなかった。

したがって県は、嶋口局長が、名護市長への要請の後、県庁に立ち寄って事前調査について説明された時も、「国と名護市の調整の推移を見守る」と伝える以外になかった。

キャンプ・シュワブ沖の風景（写真提供／ヘリポートいらない名護市民の会）

また、一月二四日、県の自然環境保全審議会から「沖縄の自然環境の保全に関する指針について」の答申が出されていた。同審議会が、四年近くの歳月をかけて、県内の環境の実態を調査してできた報告である。その報告書によると、移設予定地のキャンプ・シュワブ沿岸水域は、現状のまま自然環境の厳正な保全を図る区域として、最も高い「ランクI」に区分されていた。

それで私は、橋本龍太郎総理とお会いした時、「キャンプ・シュワブ沖は、県にとって非常に重要な環境保全区域です。そこへ基地を移設すれば、県は自らつくった環境条例に反することになります」と申し上げた。すると、総理は、「政府は、無理強いをするつもりはありません。自然保護は大事だと思うからこそ調査をするのです」といわれた。そこで私は、「その調査をされた後で判断されたらいかがですか」と提案した。それに対し、総理は、「金をかけて環境調査をした後で、移設はできないとなったら金の無駄づかいです。(移設を)やる、と決定してからなら別ですが……」と答えられた。

その後、比嘉名護市長は、三月の名護市議会での施政方針演説で、「海上建設は原則的に反対だ」と表明した。ところが、四月九日の辺野古《へのこ》区へリポート対策協議会と名護市との意見交換の場では、「キャンプ・シュワブ沖への海上ヘリポート建設の事前調査を実施させてもらいたい」と提案。そこで市長は、県の意向を打診してきた。県のスタッフは、「名護市の判断を尊重する」という態度を取った。

そして四月一八日、比嘉市長は、正式に国の調査要請を受け入れることを表明。県はこれを受けて、「名護市が総合的に判断した結果については県としても尊重する」旨のコメントを発表した。すると、海上基地推進派・反対派双方から「県は、主導権を発揮せずに地元に責任を押し付けた」とか「海上基地を容認した」などと批判されることになった。

基地に関する責任はどこが持つのか

しかし、安保条約と日米地位協定では、軍用地の提供は、県ではなく政府が条約締結の当事者として責任を負うことになっている。つまり、国が起業者として地主や当該市町村に受け入れを要請するのが筋である。むろん、当該市町村と国との間で意見がまとまらず県の調整が必要な場合は、県も関与することにやぶさかではない。だが、それもあくまで県の将来計画に基づいてなすことが基本前提となる。つまり、事は本来、国の行政手続き上の問題である。したがって、県が主導権をとろうとしなかった、という批判は当たらない。基地の移設は、県の仕事ではなく、国の責任だからである。

政府に責任がある点について、ここで若干説明しておきたい。

たとえば、いわゆる代理署名については、土地収用法第三六条の規定が基本となっている。つまり、政府は、地位協定に基づき、地主と賃貸借契約を結び、米軍に基地用地を提供しているが、契約拒否地主については、「駐留軍用地特別措置法」（第三章で詳述）を適用して強制使用手続きを進めている。この強制使用手続きで、県収用委員会への裁決申請の際に必要な土地・物件調書への署名を地主が拒否した場合、市町村長が代理署名し、市町村長が拒否した場合には、知事が代理署名をしなければならない。

このことからも自明なとおり、主体は、あくまで政府であって、県ではない。私が代理署名に関わらざるを得なかったのは、親泊康晴《おやどまりこうせい》那覇市長をはじめ、革新系市町村長の何人かが地主たちの拒否の意向を体して代理署名を拒否したので、私にお鉢が回ってきたからだ。

基地提供の責任についても、国にあるのであって県ではない、という法的規定を一、二提示してみよう。

地位協定は、正式には「日本国とアメリカ合衆国との間の相互協力及び安全保障条約第六条に基づく施設及び区域並びに日本国における合衆国軍隊の地位に関する協定」と称されるものだ。その第二条一項は、「個個の施設及び区域に関する協定は、第二十五条に定める合同委員会（引用者注　日米合同委員会）を通じて両政府が締結しなければならない」と明記している。

ところで、ここでいう「施設及び区域」とは何か。七三年の衆議院予算委員会での吉国《よしくに》一郎法制局長の答弁によると、「施設及び区域」とは「日本国の安全に寄与しならびに極東における平和および安全の維持に寄与するために、合衆国軍隊が、日本国政府によって使用を許されたところの土地もしくはその上に存する建物または公有水面を中心とし、それらの運営に必要な現存の設備、備品および定着物を含む観念」だという[23]。

何とも理解しにくい定義だが、ここでは、「日本国政府によって使用を許された」という文言で十分。つまり、県が許可するわけでないことがわかればよい。

駿河台大学の本間《ほんま》浩《ひろし》教授は、米軍が、沖縄の場合のように民有地を使用するに至るまでの法的関係の基本は、「日本国政府が当該の土地または建物などの所有権者との間にそれについての賃貸借契約を設定してそれについての使用権を得たうえで、それを米軍の使用に供する」という構造になっている、と解説している[24]。

もっとも同教授は、日本国政府が賃貸契約を通じて使用権を獲得するといっても、実際の使用者は米軍であり、米軍が基地としての使用権を得るのは、安保条約及び地位協定という根拠によるのであって、「民法にもとづくのではない」というのが、政府側の説明であるとも述べている。

何ともややこしい話である。同教授によると、したがって、賃貸人と実際の使用者である米軍との間には、直接的な法律関係は存在しない、という。それゆえ、また民法上の転貸借関係(第六一二条)と、第三者のためにする契約関係(第五三七条)も生じないことになる。

ここで大事な点は、所有権者が、自らの財産に対する米軍の使用または、その使用の仕方に異議がある場合があっても、米軍相手に明け渡し訴訟を提起することはできないということ。政府は、このような場合、日米合同委員会などにおいて措置が講じられると説明しているが、本間教授の解説では、その措置に対してなおも不満である場合、「その所有権者が訴訟の対象としうる相手は、日本国政府のみである」[25]となっている。

本間教授は、またこうも語っている。すなわち、米軍が日本国において「施設及び区域」を提供され、これを基地として使用することを許されるのは、「日本国の安全の維持に寄与」することと、「極東における国際の平和及び安全の維持に寄与」することという目的のためで、これら二つの目的は抱き合わせになっている。

つまり、「これらの目的を外れては、米軍は日本にある基地を使用することはできない。たとえば、これらの目的と無関係な、米軍人の私的目的による基地の使用は、安保条約上許されない[26]」というのだ。

では、果たして実態はどうか。沖縄の人びとを含め一般国民は、安保条約や地位協定のこうした内容や法的問題点などについてほとんど何も知らされていない。基地がどのように使用されているかも知らされていない。したがって、安保条約や地位協定に違反しているかどうかについても、確かめようもない。

古い話になるが、八二年、米政府のキャスパー・W・ワインバーガー国防長官は、米上院歳出委員会での議員とのやりとりの中で、「沖縄の海兵隊を緊急配備軍（RDF）の一部隊に任命することはできないのか。あるいは、第7艦隊をもっと頻繁にインド洋に配備することはできないのか」と聞かれ、こう答えている。

「沖縄の海兵隊は、日本の防衛任務には当てられていない。そうではなくて、沖縄海兵隊は第7艦隊の即戦海兵隊をなし、第7艦隊の通常作戦区域である西太平洋、インド洋のいかなる場所にも配備されるものである。現在のところは緊急配備軍の一部隊に任命されていないが、将来そうなることもありうる」（梅林宏道《うめばやしひろみち》「沖縄の米軍と『極東条項』」「軍縮問題資料」一九九六年三月号）

つぎに、政府の基地提供の義務と国内法との関連についてふれておきたい。

すなわち、「日本国政府が、一定の区域を施設・区域として米国側に提供することで合意し、米軍がそこに施設・区域を設置することを許可しようとする場合、そのような提供がさしつかえないことを法的に意味づけるための国内法令上の根拠がなければならない。その施設・区域のなかに民有地が含まれている場合、日本国政府は、国内法令にもとづいて当該の土地の使用権を獲得しなければならない。国内法令による使用権を得なければ、日本国政府は米国に対する地位協定上の義務を事実上履行できなくなるのである。また米軍が、地位協定にもとづく施設・区域の使用権を行使して、その区域内の湾を埋め立てて新たな土地を造成したときは、日本国政府は、地方自治法にしたがって地方自治体に確認という手続きをとらなければならない。手続きに違反したままでも当該の土地を米国側に提供することができるという権限は、日本国政府にはないのである(27)」。

こうした規定がある以上、県をはじめ、基地所在自治体は、厳密にそれが守られているかをきちっとチェックする必要があろう。

調査結果への疑問

話を事前調査に戻そう。

名護市長の受け入れ発表を受けて、政府は、一九九七年五月一日からキャンプ・シュワブ沖の調査を開始した。

さらに六月一三日には、県に対しても、ボーリング調査を行うための同海域の使用申請を提出してきた。県としては、申請書類に不備はないため、「海上基地の建設を前提としたものではない」という条件をつけて、これを許可した。

これは、国の機関委任事務[28]として事務的に処置したものであったが、県議会与党の共産党、公明党、社民党、社会大衆党からは、「基地の建設につながる」と激しい反発を買ったほか、基地移設に反対する市民団体からも「大田知事は変節した」などと厳しく非難された。

しかし、私は必要以上に国と対立する考えはなかったのである。国とは、協力できることは協力し合いながら、協力できないことについては明確に拒否するという一線を守ることが、基地問題を解決するうえで大事だと考えていたからだ。

また、前年八月に、代理署名拒否[29]に関わる訴訟で最高裁で敗訴していたこともあって（第三章で詳述）、国の機関委任事務に対してなしうる県の権限行使にも、はっきり限界が見えていたのである。

さて、政府の事前調査は一〇月三一日までの半年ですべて終了した。その結果報告を含めて一一月五日に発表された海上基地政府案には、「自然環境への影響は最小限に止まるものと考えている」とされていた。

これについて、日本科学者会議沖縄支部事務局長の亀山統一《かめやまのりかず》氏（琉球大学農学部助手）は、つぎのような懸念を表明した。

「わずか六カ月で辺野古沖の植生や生態系の調査はできない。そんな短期間の調査に基づいて『環境への影響が最小限に止まるものと考えられる』ということは絶対に言えない」「科学的に環境を調査するには、最低限三年間は必要。生物の生態は季節によって異なり、昼夜でも変わる。……今回の調査が緊急に行われたにしても、その影響が小さいという断定はおかしい」

たとえば、ダム建設の場合でも、調査は長時間かけて厳密に行う。県内の羽地《はねじ》ダムの例をあげれば、七六年から八一年までの五年をかけて、建設予定地周辺の環境調査を実施した。しかも、完成後も継続されているこの調査の膨大なデータは県民に公表されている。

しかし、今回、政府が環境への影響は小さいと判断した根拠となるデータは、公表されなかったのである（「沖縄タイムス」九七年一一月八日付）。

名護市民、海上基地を拒否

その時期、名護市では、海上へリポート建設の是非をめぐって、比嘉市長と反対派住民の対立が激しくなっていた。一九九七年八月一三日には、名護市民投票推進協議会が市選挙管理委員会に、海上基地建設の是非を問う市民投票条例の制定を求める、一万九七三四人分の署名を提出した（最終有効署名総数は一万七五三九人、全有権者の四六％）。

比嘉市長の発案により、市民投票について同市議会は、「賛成」「反対」に加えて、「環境対策や経済効果が期待できるので賛成」「環境対策や経済効果が期待できないので反対」という選択肢を設け、これを市民投票の条件案として提出した。野党側はこの方式に反対したが、一〇月二日、名護市議会はこれを可決した。その結果、投票は、地域振興や環境対策をからめた四者択一の方式で実施することになった。この方式では、受け入れ賛成派が優勢になる可能性があったからだ。

いよいよ、一二月二一日に名護市民投票が行われた。結果は、投票率八二・四五％、条件付きを合わせた反対票が一万六六三九票（五二・八六％）を獲得し、条件付きを合わせた賛成票の一万四二六七票（四五・三三％）を上回り、名護市民の海上基地建設反対の意思が明らかとなった（「朝日新聞」九七年一二月二二日付）。

名護市長、海上基地を受け入れ

三日後の一二月二四日、私は橋本総理にお会いするために上京した。その後の県内の状況、新たにわかったことなどを説明するためであった。羽田空港から都心に向かっている途中、元国土庁事務次官の下河辺淳《しもこうべあつし》氏から電話が入った。下河辺氏は主に経済的な面からしばしば助言していただいた方であった。総理にお会いする前に会いたいといわれた。私は、「きょうはどなたにもお会いできません」とお断りした。すると、今度は沖縄問題担当の首相補佐官、岡本行夫《おかもとゆきお》氏から電話が入った。やはり「総理にお会いする前に会って話しておきたいことがある」とのこと。私はお断りしたが、どうしてもというので、指定されたホテルで会うことにした。

岡本氏は、私と向き合うなり、「比嘉名護市長が海上ヘリ基地を受け入れました。知事も総理に会う前に決断していただきたい」と要請された。その日地元の「沖縄タイムス」の朝刊には、一面トップに「受け入れ断念を示唆　海上基地で比嘉市長」という見出しの記事が出ていた。私は、その新聞を持参していたので、余りにも突然のことなので信じかねた。ただ、比嘉氏は保守系の市長であり、キャンプ・シュワブ沖の話が出た後の彼の言動から、ひょっとしたらという気持ちは絶えず持ちつづけていた。それで、まさかと思う反面、やはりそうかという気持ちもあった。後で知ったことだが、その日、比嘉市長は、橋本総理と会談し、海上ヘリ基地の移設を受け入れる考えを表明し、同時に市長を辞任する意向を申し伝えていた。

寝耳に水の思いで私は、岡本氏に「県内の主要な団体にも意見を聞かなければなりません。今ここで表明はできません」と答えるしかなかった。

その後、私は総理官邸で橋本総理とお会いした。橋本総理は、「国はできるだけのことをやってきた。県も現実的に対応してほしい」といわれた。一瞬、私は答えに窮したが、名護の市民投票が終わったばかりなので、「少し冷却期間を置かせてください。沖縄に帰って実態を十分に把握し、その後改めてお会いして、沖縄の実情をお話ししたうえで県としての結論を申し上げます」と応じた。総理は、黙って聞いておられたが、さすがに「すぐに決断してくれ」と迫ることはされなかった。

後から、古川貞二郎《ふるかわていじろう》官房副長官と岡本補佐官、県側から又吉辰雄《またよしたつお》政策調整監が、その会談に加わった。古川官房副長官は、知事も早く決断するようにと、強い口調でいわれたが、事はあまりにも重大だった。そこで「名護市長が受け入れたのだから、知事も受け入れてほしい」と再三要請されたが、私は、最後まで首を縦にふらなかった。

翌一二月二五日、比嘉市長は、海上ヘリポート基地の受け入れを正式に表明するとともに、名護市議会議長に対し辞表を提出して職を辞した。

海上ヘリ基地の拒否を表明

名護市民の過半数強が海上基地の建設に反対票を投じた、この市民投票の結果を私は、重視していた。一方、県議会も全会一致で普天間《ふてんま》飛行場の県内移設に反対する決議を採決していた

（九六年七月一六日）。そのうえ、前にも述べたとおり、県の自然環境保全審議会からの答申についても、十分に配慮する必要があった。

しかし行政の長として明確に意思を表明するためには、県庁内はもちろん、市民団体なども含め、幅広く各界各層の意見も聴取しなければならないので、そのためには、もっと時間が必要だった。

年が明けると、二月八日に行われる予定の名護市長選挙とのからみもあって、県議会の与野党から、賛否のいかんにかかわらず「早く知事の意思を表明すべきだ」という要請が相次いだ。折から県は、慎重を期して、各市町村を含め、県内の主要な八四の団体にこの問題について意向調査をしていた。そのため私は、「意向調査の結果を見てから判断したい。もう少し時間がほしい」といって態度を保留した。結果が出てみると、その八四団体の意向は、大多数が反対であった。

私は、そのことを含め、その後の実情を総理にお会いしてじかにご説明するつもりで何度も官房に総理との面会をお願いしたが、日程の都合がつかないとのことで実現できなかった。

その頃は、たしかに総理の日程は、多忙を極めていた。後に橋本総理は「知事が会いたいといってくれれば、自分はいつでも会いたいと思っていた」と仰《おっしゃ》られたが、だとすれば、周りの人たちの判断でお会いできなかったのかもしれない。当時、新聞その他のマスコミが、連日のように「知事は海上ヘリ施設を拒否する」と流しつづけていたこともあって、周りの人たちが、知事が拒否するのであれば、あえて総理に会わせる必要はないと考えたのか、その辺のことは定かでない。

そうするうちにも、知事は早く意思表明をすべきだという与野党の圧力は急激に強まってきた。そのため、私は、総理が信頼されていた政務担当秘書に電話をかけ、「早く時間をつくっていただかないと、現状では総理にお会いする前に県の意思を発表せざるを得なくなります」とお伝えし、その旨をじかに総理に申し上げていただきたいとお願いした。

結局、官房からは何の連絡もなく、これ以上猶予するのは無理だと判断し、九八年二月六日、県の三役や部局長、警察本部長で構成する庁議を開いて、改めてこの問題についてみんなの意見を聞いてみた。その結果は、全員が反対であった。それを受けてさらに三役会議に諮《はか》ったが、そこでも反対の結論が出た。

そこで私は村岡兼造《むらおかかねぞう》官房長官にこのことをお伝えするとともに、記者会見を開いて、公式に声明を発表した。すなわち、名護市の市民投票で反対票が多数を占めたほか、九六年九月に行われた県民投票でも、「基地撤去」を求める声が投票総数の約九〇%を占めたこと。また県内の主要な八四団体にも意見聴取をした結果、大多数が反対であったこと。肝心の名護市議会で二回も反対決議をしているうえ、県議会でも反対決議をしていること。しかも県の自然環境保全審議会は、移設候補地を現状のまま保全すべき地域として一位にランク付けしていること。海上へリポート基地建設に反対する県民の意思は、県政運営の基本理念にも合致すること。これらのことを理由にあげて、政府の提示した海上へリポート基地の移設については「受け入れることはできない、と判断するにいたった」と述べたのである。

名護市民、海上基地受け入れの市長を選択

ところが、二日後の二月八日に行われた名護市長選挙で、海上へリポート基地の移設賛成派が推す岸本建男《きしもとたてお》氏が、移設反対派の玉城義和《たまきよしかず》氏を破って当選した。

選挙期間中、岸本候補は、「私は基地受け入れに対しては、反対も賛成もいっていない。再度、原点に戻って政府と県が検討すべきで、決断は知事がやるべきだ。前市長の基本的な姿勢は引き継ぐが、必ずしも容認を引き継ぐという意味ではない」と主張していた。そして海上基地問題に対する決断は、県知事に委ねると表明した。後に、投票日二日前に行われた県の拒否表明が、一般市民に海上基地問題は終わったかのような印象を与えたうえ、経済振興策が前面に出たために敗北したと、多くの方から、私は手厳しく批判された。ともあれ、政府をバックとする基地移設の賛成派は、じつに巧妙な選挙戦術を用いたものだと思わずにはおれなかった。

明らかにならない海上ヘリ基地の実態

一方、この頃アメリカでは、海上基地に関する重要な報告書があいついで出されていた。国防総省が発表した、一九九七年九月三日の「エグゼクティブレポート（行政報告書）」、九月二九日の「ファイナルドラフト（最終案）」、九八年三月に会計検査院（GAO）が出した「海外におけるプレゼンス—沖縄における米軍のプレゼンスによる影響の軽減に関する問題点—」である。

いずれも注目すべき重要な公文書だが、とくにGAOの報告書は、SACOの最終報告書にある米軍基地による沖縄県民の重圧を軽減するための二七の勧告の内容を再調査し、勧告を実施した場合の在沖米軍の配備に与える影響を調査し、その場合の米国の費用を見積もり、そのうえで、沖縄に米海兵隊を配備する利益と必要性を判断したとしている。とくに海上ヘリ基地を建設した場合、米軍の作戦、演習、費用にどのような影響があるかを明らかにしている。

そのほかにも、SACOの最終報告や普天間基地の代替施設となる海上基地については、日米の学者・研究者、軍事専門家、シンクタンクの上級研究員、あるいは現役の軍人などが膨大な量の論考を発表している。それらの中から、SACOの最終報告と国防総省の報告書などとの間での見解の相異について、二、三指摘しておきたい。

まず滑走路の規模については、SACOの最終案では「長さ一三〇〇メートル、前後に一〇〇メートルずつの緩衝地帯を設け、全長一五〇〇メートル、幅六〇〇メートルの滑走路をつくる」となっている。しかし国防総省や会計検査院の公文書では、「長さ一五〇〇メートル、前後に緩衝帯を設ける」とあるほか、「幅八〇〇メートルから一〇〇〇メートルの滑走路をつくる」となっている。建設期間についても、SACO案では「五年から七年」となっているが、国防総省の文書には、「九年から一〇年はかかる」とある。そのうえ、「完成後ヘリコプターやその他の飛行機の離着陸の安全性が確認されてから移転する」とあり、「その確認には一八ヵ月を要する」とある。

一方、海上ヘリポートの危険性を指摘するつぎのような声も少なくない。

アメリカのシンクタンク「日本政策研究所」のチャーマーズ・ジョンソン教授は、一三〇〇メートルの滑走路をもつ海上ヘリ基地は、試験的なものであり、少なくとも「最初の数年間は事故が頻発するだろう」と述べている。

また環境問題との関わりで日本科学者会議のメンバーたちは、予定地一帯を調査したうえで、つぎのように指摘している。

「(引用者注　海上基地は) 軍事基地であるから、大量の油を使用することは当然であり、その運搬・給油段階から油漏れの危険はついて回る。また、特に台風・地震時など荒天候時には油漏れ事故なども想定される。海兵隊の性質上、多少の荒天時にも訓練が行われるものと考えられ、そのような場合には、デッキ上の油が海に流出するおそれも大きい。デッキ端の側溝やオイルフェンスなどの対策程度ではとても防げまい」(日本科学者会議「沖縄米軍海上基地学術調査団報告」九七年)

また、前自衛隊沖縄連絡調整官佐藤守《さとうまもる》氏は、以下のように書いている。

「これがいかに現実を無視したプランであるか、問題点は多々あるが一例をあげると、アルミニウムの合金でできている航空機は潮風に弱く、塩害防止に頭を悩ませているのは航空界の常識である。(中略)

機体洗浄の廃水には当然、オイル等の汚物が混入しているから、これらが海面に流出しないための浄水装置も必要になる。

しかしいかに厳重で高価な浄水装置を付けたところで、汚水流出事故が皆無になるとは思えない。これらは海上へリポートができると洋上で作業することになる二千人の海兵隊員の生活廃水や汚水についても同じである」(「諸君」九八年四月号)

国防総省の報告書も、海上施設での通常の作戦訓練によって、環境が汚染される可能性があると警告している。すなわち「航空機の洗浄液が誤って流れ出たり、不意の燃料漏れなどにより、周辺の海が汚染される可能性がある」としている。
海上基地の水不足を心配する意見もある。前引の佐藤守氏は、こう語っている。
「普天間基地の第三十六海兵航空群は約十三機の空中給油機と約百機のヘリを保有しているが、海上ヘリポートに移転すると、訓練終了後、毎回、『機体洗浄』という気が遠くなるような新たな作業が隊員たちに課せられることになる。（中略）
沖縄は水不足の島である。（中略）
機体洗浄には一回一機当たり四トンの真水が必要である。単純計算で一回の訓練で五百トンの真水が消費される。この手当てをめぐって新たな水騒動が起きることも十分に懸念されるのだ」（「諸君」九八年四月号）
一方、前述の元海兵隊中隊長ロバート・ハミルトン氏は、つぎのように憂える。
「沖縄を襲う大きな台風を経験した者なら誰しも、台風が、沖縄初の海洋施設を沖縄初の海中施設にしてしまうかもしれないということを知っている。そうなれば、太平洋で沈んだ米軍のでっかい財産としてはパールハーバー以来のものということになる。沖縄の長い台風の季節を生き残ることを第一に考えるなら、計画された浮体施設は、重い錨で海底につないでおくべきだし、大きな海上の壁で囲んでおくべきだ。そうしなければ、沖縄の美しい珊瑚礁に大きなダメージを与えてしまう」（米海兵隊準機関誌「マリーン・コー・ガゼット」九七年二月号）

さらに米軍の検討資料は、「普天間基地に駐留している航空部隊が海上ヘリポートに慣れるには、一定の訓練が必要なことなどから、普天間基地の返還には九年から一〇年は必要で、日米で合意された五年から七年の間の返還は難しい」という、GAOと同様の見通しを示している。また、海上ヘリポートには、「海兵隊が新しく導入する垂直離着陸機MV－22オスプレイや固定翼機が駐機できる施設も必要で、政府が示した案より一回り大きい縦千五百メートル、幅八百メートルの規模が必要だ」としている（NHKニュース　九八年四月一四日）。

普天間基地第一海兵航空団のトーマス・キング副司令官は、海上ヘリポートの規模について、「海兵隊が新しく導入する垂直離着陸機MV－22オスプレイを運用するため最低でも千五百メートルの滑走路が必要で、空母三十五隻ほどの巨大なものになるだろう」と述べている（NHKニュース　九八年四月一〇日）ほか、先のロバート・ハミルトン氏は、「当然必要とされる発着陸場所に加えて、維持費と、塩水が吹き付ける厳しい環境から守るために全てのヘリコプターを格納する空間も必要だ。……海上施設の安全性と環境、安全保障上の基準、さらには海兵隊が任務を遂行するうえで必要な条件を満たすことを考慮に入れると、現在議論されているような、控えめで、小規模な施設というより、大阪の海に浮かぶ関西空港ほどの規模が必要」とさえいい切っている（「マリーン・コー・ガゼット」九七年一一月号）。

地元の意向を反映しないＳＡＣＯ

ＳＡＣＯの最終報告は、このように懸念される点の多いものであった。

そもそも、ＳＡＣＯに地元沖縄の代表が加わっていないことが、私には納得できかねる。国防に関しては国の専権事項である、というのがその理由だろうが、しかし直接に影響を受けるのは、当事者の県民の側である。したがって、だれが考えても、地元の県民代表が加わり、基地から派生する多様な問題について具体的に解決するのが筋ではないか。

かつて廃藩置県に先立ち、明治政府は、琉球王府に対し、熊本の第六軍管区の分遣隊を沖縄に常駐せしめようと図った。これに対し、王府側は頑強に反対した。すると、明治政府は「そもそも、どこに軍隊を配備してその地方の変に備えるかは、これ政府が考えるべきことであって、他がこれを拒む権利はない」という趣旨のことを述べ、軍事力をバックにして計画どおり分遣隊の派遣を強行した。今の政府も、その時とまるで同じことを主張しているわけである。

さらに重要な問題がある。日本政府は事あるごとに「ＳＡＣＯ最終報告に基づく……」といいながら、かかるＳＡＣＯの組織自体は、すでに解散し、これからの責任の所在が不明確になっていることだ。防衛施設庁広報担当官の説明によれば、普天間基地については、普天間対策本部を設け、フォローアップ（追跡調査）を行っているが、その他の基地については、外部からは非常にわかりにくい体制となっているという。

問われる環境問題

環境問題について、もう少しふれておきたい。

先のＧＡＯの文書によると、当初の海上基地案では、二つの点で環境が破壊されるおそれがあるという。一つは、珊瑚礁に鉄柱を何千本と立てるため、珊瑚礁の破壊をもたらす危険性があるという点。もう一つは、箱と箱をつなぎ合わせて滑走路を作る工法にすると、沖縄の猛烈な台風によって流出するオイルによる汚染を防ぐのは困難という点である。

また、ＧＡＯは珊瑚礁の破壊について、つぎのような見解を示している。

「珊瑚礁は、海上施設の移設候補地にあり、現在検討されている二つの案は、珊瑚礁を傷つける可能性がある。ポンツーン方式は、海底に大きな防波堤やいくつかの係留装置を必要とする。杭式桟橋方式は、嵐などに耐えられるよう強化するため、珊瑚礁や海底に打ち込む何千本もの鋼管杭を要する。両方式とも、少なくとも一本、もしくは二本の海上施設へのアクセス・ロードを要する。数多くの科学的研究により、大きな建設物は、珊瑚礁や周辺の海洋に被害を与える可能性があると示されている」

日本科学者会議の第二次米軍海上基地学術調査団は、工法の安全性、生態系への影響について、二工法のいずれの海域も若い珊瑚が今後、大コロニーを形成する可能性があることに言及し、「同海域は、ジュゴンが生息し、辺野古崎南浅海部の藻場は重要だ」とする（「沖縄タイムス」九七年一一月二〇日付）。

海洋開発にかかる環境影響調査に関わっている水中写真家の横井謙典《よこいけんすけ》氏も、こう語る。「辺野古のリーフ沖に海上基地を建設すれば周辺のさんご礁は間違いなくダメージを受ける。そもそもサンゴをダメにしないで、海上構築物を造ること自体が難しいけれど……」（「沖縄タイムス」九七年一一月七日付）

ともあれ、日本科学者会議のメンバーが「同海域は、ジュゴンが生息し、辺野古崎南浅海部の藻場は重要だ」としているように、昨今、辺野古のジュゴンを保護するために、世界各国の市民団体が新基地の建設には反対する旨、声をあげ始めている。

沖縄本島の東海岸は、日本で唯一のジュゴンの生息地である可能性が高く、なかでも、米軍基地の建設が計画されている名護市辺野古沖が重要な生息域であることが、三重大学の粕谷俊《かすやとし》雄《お》教授らの「ジュゴン研究会」の調査でわかった。粕谷教授は、九七年から九九年にかけて琉球諸島でのジュゴンの生息状況を調べ、「有効な回復策を講じなければ、国内のジュゴンは絶滅する危険性が高い。生息海域のまさしく中心部での基地建設は、いっそうの環境の悪化を招き、ジュゴンの生存を脅かすことになる」と指摘している。

また、ジュゴンの保護を目指して活動をつづけている「ジュゴンネットワーク沖縄」によると、九八年、九九年二年間で収集したジュゴン目撃例は一〇三件に達し、そのほとんどが沖縄本島中北部の東海岸であるという。同団体の棚原盛秀《たなはらせいしゅう》代表世話人は、「辺野古沖は、ジュゴンの生息が確認された海域の中心に位置し、米軍基地を建設すれば、ジュゴンの生息海域が分断され、東海域で一番多くジュゴンが目視されている辺野古海域の生息域が消滅することになります。また、ジュゴンは夜間に藻場でえさを取っていますが、日中は人の活動を避けてサンゴ礁の外へ出ています。基地の建設は、騒音や藻場の破壊、活動経路の寸断など、ジュゴンへの影響が懸念されます」と訴えている。

一方、世界自然保護基金日本委員会の花輪伸一《はなわしんいち》自然保護室次長も「沖縄本島東海域の個体群は、ジュゴンの分布域としては北限に当たり、孤立した個体群である可能性が高くなっています。世界では、絶滅の恐れがあるジュゴンを守っていくことは当たり前のことになっています。今回の調査で、沖縄本島の東海域がジュゴンの保護にとっていっそう重要であることが明らかになりました。ジュゴンを種の保存法で保護していくこと、この海域をジュゴンの保護区として守っていくことが必要です」と語っている（以上、粕谷氏、棚原氏、花輪氏の談話、「しんぶん赤旗」二〇〇〇年二月一二日付）。

ジュゴンは、ワシントン条約で絶滅危惧種に指定されている国際的保護動物だ。日本の天然記念物でもあるジュゴンは、九七年九月二一日に一度、遊泳しているのが事前調査中の政府のヘリコプターから目視されて注目を浴びた。この水域は、ジュゴンの数少ない餌、リュウキュウスガモやリュウキュウアマモの藻場が形成されており、そのほかにもカサノリなどのまれな種で構成されている。環境を保全するための施策を講じていくべき場所である。すでに、世界最大の民間自然保護団体WWF（世界自然保護基金）やIUCN（国際自然保護連合）は、日米両政府に対して警告を発している[30]。

しかも、ジュゴンだけでなく、日本の環境庁のレッド・データ・ブックに記載されている辺野古沿岸域の絶滅危惧動植物（絶滅危惧2類）には、マツバラン（維管束植物）、テンノウメ（維管束植物）、シマカナメモチ、ハリツルマサキ、オキナワギク、モクビャクコウ、ヤリテンツキ、クロガヤ、オキナワキノボリトカゲ（爬虫類）があげられている。国指定の天然記念物は、鳥類のカラスバト、底生生物のナキオカヤドカリ、ムラサキオカヤドカリ、オカヤドカリの四種だ。

このほか準絶滅危惧種、危急種、希少種、地域個体群の動植物なども一六種に及んでいる。また、貴重な生態系を維持する役割を果たしているマングローブ林の油汚染や富栄養化などの影響について、日本科学者会議はつぎのように報告している。

「大浦《おおうら》湾の奥には2カ所に規模の大きなマングローブ林があり（うち1カ所は名護市指定の天然記念物）、独自の生物相があるとともに、魚類の稚仔やカニの生息場、鳥類の餌場となって

▶ジュゴン
(写真提供／棚原盛秀)

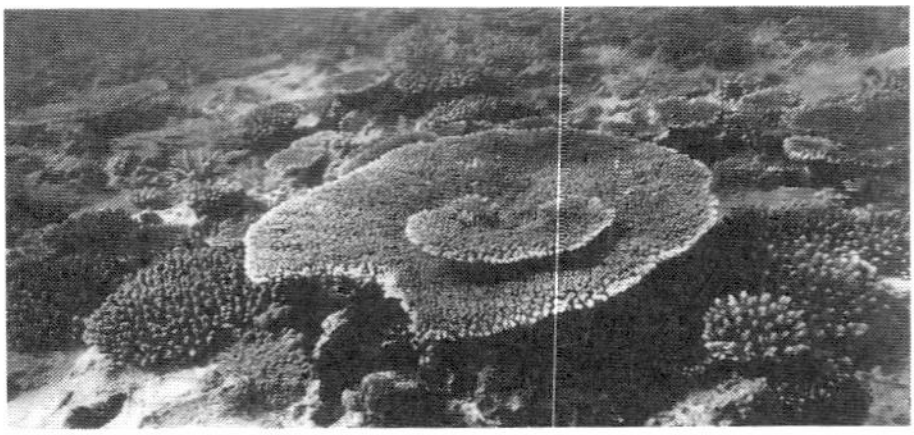

▲珊瑚礁
(写真提供／ヘリポートいらない名護市民の会)

▲ヤンバルクイナ
(写真提供／沖縄タイムス社)

◀ノグチゲラ
(写真提供／沖縄タイムス社)

いるのが確認された。これらのマングローブ林はいずれも極めて質の高いものであり、沖縄本島の中ではまれな存在であるといえよう。亜熱帯地域にあってマングローブはサンゴ礁とともに動物と植物が共生し、その地域の生態系のかなめ的存在である。したがって、その破壊は、その地域の生態系全体に大きなダメージを与える」(「沖縄米軍海上基地学術調査団報告」)

北部森林地域には、その地域のみに生息するノグチゲラやヤンバルクイナ、ヤンバルテナガコガネなどの貴重な生き物たちのほか、基地移設予定地に近い北部では、ここにしか生息していない六六種の生物をはじめ、一三一三種もの多様な生物が確認されている。

ところが、政府が提示した海上基地政府案には、北部の森林に生きるこれらの希少生物に与える影響については全く言及していない。

懸念される事件・事故

現在、辺野古に存在している米海兵隊の基地キャンプ・シュワブや基地の北側周辺では、これまでもさまざまな事件・事故が発生し、住民生活の平穏や安全を脅かしてきた。

もし、辺野古沖に新しい基地ができれば、約二五〇〇人もの米海兵隊が移駐することになる。それにキャンプ・シュワブの約三〇〇〇人とあわせると、米兵の数は辺野古の住民約一五〇〇人の三・七倍にもなることから米兵による住民の被害はいっそう高まることは必至と懸念され

区分			年別	平成6年	平成7年	平成8年	平成9年	平成10年	平成11年
米軍関係	演習等関連事件・事故	航空機関連	墜落	4	2	0	0	1	2
			不時着	1	3	3	1	0	8
			その他	0	2	3	2	0	1
		(小計)		5	7	6	3	1	11
		流弾等		0	0	0	0	0	0
		廃油等の流出による水域等汚染		1	4	3	4	3	3
		原野火災等		19	13	15	18	12	7
		その他		8	4	11	2	2	3
		計		33	28	35	27	18	24
	その他の事件・事故			4	2	6	5	8	11
			提供区域内	27	18	24	26	19	19
			提供区域外	10	12	17	6	7	16
	合計			37	30	41	32	26	35
自衛隊関系				2	0	3	1	4	3
総計				39	30	44	33	30	38

表4　基地関係事件・事故数の推移（平成11年12月末現在）

注　(1)件数は県によって確認されたもの。
　　ただし、原野火災等の件数は、那覇防衛施設局の資料による。
　(2)「演習等関連事件・事故」の「その他」には、パラシュート降下訓練における施設外降下を含む。

出典　「沖縄の米軍及び自衛隊基地」平成12年3月（沖縄県総務部知事公室基地対策室）

	固定翼機	件数	ヘリコプター	件数	合計件数
機種別	F-15イーグル	19	CH-46	24	142
	F-4ファントム	12	CH-53	17	
	C-130	8	UH-1	13	
	A-4Eスカイホーク	5	H-3	4	
	AV-8ハリアー	6	AH-1J	3	
	KC-135	4	CH-1J	1	
	B-52	2	SH-2F	1	
	P-3C	4	HH-60	1	
	OV-10	2	MH-53J	1	
	FA-18	3	不明	2	
	その他	9			
	不明	1			
態様別	墜落	24	墜落	15	142
	空中接触	1	移動中損壊	2	
	部品等落下	16	部品等落下	9	
	着陸失敗	14	低空飛行	1	
	火災噴射	1	着陸失敗	1	
	不時着	18	不時着	39	
	爆弾投下失敗	1			
所属別	空軍	45	海兵隊	60	142
	海兵隊	20	空軍	6	
	海軍	9	海軍	1	
	不明	1			
発生場所別	〈基地内　32〉		〈基地内　14〉		142
	嘉手納飛行場	25	北部訓練場	4	
	伊江島補助飛行場	3	普天間飛行場	3	
	普天間飛行場	1	キャンプ・ハンセン	4	
	キャンプ・ハンセン	1	嘉手納飛行場	1	
	嘉手納弾薬庫地区	2	キャンプ・シュワブ	1	
	〈基地外　42〉		浮原島訓練場	1	
	住宅付近	4	〈基地外　53〉		
	民間空港	14	住宅付近	12	
	空き地、その他	2	民間空港	5	
	畑等	1	畑等	12	
	海上	22	空き地、その他	15	
			海上	8	
			不明	1	
人身事故等	死亡	6名	死亡	20名	21
	行方不明	5名	行方不明	19名	
	重傷	3名	重傷	6名	
	軽傷	2名	その他負傷	12名	
	計	9件	計	12件	

表5　復帰後の米軍航空機事故（平成11年12月末現在）

注　件数は県によって確認されたもの。

出典「沖縄の米軍及び自衛隊基地」平成12年3月（沖縄県総務部知事公室基地対策室）

る。[31]

政府は、新基地について「普天間飛行場におけるヘリコプターの運用形態とほぼ同様」になる、と説明してきた。現在、普天間基地でのヘリコプターなどの離着陸回数は、年間約五万二〇〇回。一日平均約一四〇回にものぼる。しかも、普天間基地所属機の事故は、沖縄県内の米軍航空機事故の半数近くも占めているからだ。[32] つまり、辺野古が、将来そのような状況におかれることは想像にかたくないのである。

海兵隊の陸・海・空一体化構想

キャンプ・シュワブに常駐しているのは、俗に「海上部隊」と呼ばれる海兵隊のいわば殴り込み部隊であり、いざという時、この部隊が敵地に水陸両用戦車で真っ先に上陸する。この海上部隊が上陸した後、陸地内部に攻め込んでいく陸上部隊が、キャンプ・シュワブの南側にあるキャンプ・ハンセンに常駐している。そして、これと同時並行的に空から攻撃するヘリコプター部隊が普天間に常駐している。だから、この普天間のヘリコプター部隊をシュワブ沖に持ってくれば、キャンプ・ハンセン以北の山岳地帯は、陸・海・空が一体となった、文字どおり強固な海兵隊基地になる。

そうなると、基地の整理・縮小ではなく、基地機能の拡大・固定化につながるのは必定だ。

また、県がエコ・ツーリズムを振興して、何とか基地収入を補塡して雇用の拡大を図ろうとする計画も成り立たなくなるおそれがある。さらに、自然保護団体が指摘するように、その周辺にある希少な動植物が演習によって絶滅に瀕することも懸念される。

アメリカ側は、このような海兵隊の強化計画を、沖縄の施政権返還問題が本格化した一九六〇年代半ば頃から練っていたと思われる。最近そのことを裏付ける資料が一部発見されている。したがって、普天間基地の返還を表明することによって、少女暴行事件を契機に高まりつつあった県民の反基地感情の矛先を変え、当初の計画どおりに、キャンプ・シュワブへの移設を実現するべく図ったのではないだろうか。しかも、普天間基地は、いつ事故が起きても不思議ではないほど施設の老朽化が進んでおり、これを返還する代わりに、最新の設備を完備した新たな基地を手に入れることができれば、アメリカ側にとっては、願ってもない幸いではないか。あまつさえ、自らは黙っていても、国と県が手を取り合って誘致してくれるのであれば、なおさらいうことはないのだ。

日本政府の説明責任の欠如

橋本総理は、沖縄の事情をよく知っておられるだけに、むしろアメリカ政府に「これ以上沖縄を追い詰めるとかえってまずい結果になりますよ」と、率直に進言していただきたかった。

総理がじかにいうのが難しいのであれば、外務大臣に代わっていっていただきたかった。外務省は、こと沖縄の基地問題については、日本が核の傘に保護されているせいか、主張すべきことをきちんと主張していないように思われてならない。

アメリカ側は、きちんと理詰めでぶつかれば、必ず理解してくれるはずである。私は何度もアメリカに行って、国防総省や国務省、あるいは軍部首脳に思ったことを率直に訴えた。多くの場合、彼らは「日本政府が正式に要請してくれれば、柔軟に対応しますよ」と繰り返し語っていた。これまでの政府サイドの発表を分析してみると、沖縄の状態については知りすぎるほど知っていて、彼ら自身、基地を縮小しなければならないと考えているにちがいない。だから、アメリカ側のめんつも立つようにしながら、実質的に沖縄の要望を容れてもらう方策は、けっしてないわけではない。

しかし情けないことに、歴代の駐米大使は、私たちがお願いした県の要請を米政府に伝達するのではなく、逆に米政府の要求を県に飲み込ますことに躍起となってきたのだ。これではどこの国の大使かといわれても仕方がないだろう。普天間基地の移設についても、日米両政府は、口裏を合わせて、海上基地こそが最善の方策だという一点ばり。私たちからすれば、別の選択肢がもっとあるはずだと思えるにもかかわらず、だ。たとえば、グアムやハワイのように、それぞれの行政の責任者が「歓迎する」といっているのだから、そこへ移すことも選択肢の一つと考えられるではないか。

周知のとおり、日本政府は約六四五兆円の長期債務を抱えている。このような厳しい経済状況下で、年間の防衛費約五兆円のほかに、さらに九〇〇〇億円から一兆円もの金をかけて新しい基地をつくる必然性が、果たしてあるのだろうか。それほどの防衛上の危機が迫っているというのであれば、その中身を明らかにすべきではないか。いずれにしても、問題を国民的レベルで徹底的に議論し、本当に必然性があるのかないのかを、みんなで検証するべきだと思われてならない。

もしも、基地の新設についての国民的合意が得られるのであれば、「全土基地方式」に基づいて、安保条約と地位協定の負担と責任を当然のこととして、全国民が分かち合うのが、国民としてまっとうなあり方ではないか。いずれにしても、政府が一方的に海上基地への移設が最善だと決めて、それを実際に影響を被る人たちに押し付けるやり方は、民主的とはいえまい。

稲嶺県知事、基地受け入れを表明

一九九八年一二月一〇日に就任した稲嶺恵一《いなみねけいいち》沖縄県知事は、翌年一一月に、辺野古沿岸域への基地移設を認め、県内移設を前提とするＳＡＣＯの合意を、国との二人三脚で実施し、地元の合意・意見調整に県も責任をもって当たるという決意を正式に表明した。

そして、普天間飛行場移設のための北部軍民共用空港案を検討するプロジェクト・チームを、那覇軍港移設の件を含め、SACO合意実施のための包括的なチームに広げることを初めて明らかにした。プロジェクト・チームは実質的に国との共同作業をすることとなったのである。

この決定に先立ち、政府は稲嶺知事に、一〇年間で一〇〇〇億円を援助するという北部振興策を提示していた。SACOでの合意案を推し進めたい国と、県内の厳しい経済状況を克服したい県の思惑が、そこで完全に一致したというわけである。

こうして、沖縄県の歴史始まって以来、初めて県自らが、振興策と引きかえに基地を誘致することを認める事態になった。政府は「基地問題で県がパッシブ（受動的）な姿勢からアクティブ（能動的）な姿勢へ転換した」と、県のスタンスの大きな変化を賞賛した。が、これによって県が、これからどこまで県民の意思を政治・行政に反映させることができるかが否応なしに問われることになる。いったん決定したことは、いかに県民に不利であっても覆すことは困難だからだ。

ちなみに、稲嶺知事は、普天間代替施設の選定理由及び今後の方策についてこう語っている。

「私が、『キャンプ・シュワブ水域内名護市辺野古沿岸域』を選定した理由は、次のとおりである。

まず第一に、現在の普天間飛行場を縮小し、既存の米軍施設・区域内に移設することにより、沖縄の米軍施設・区域の面積を確実に縮小でき、県民の希望する基地の整理・縮小を着実に進めることが可能となる。

第二に、航空機の離発着において、集落への騒音を軽減できること。また、海域に飛行訓練ルートを設定することにより、移設先及び周辺地域への騒音の影響を軽減できることになる。

第三に、当該地域は、一定規模以上の空港の立地が可能であり、空港と北部地域を結ぶアクセス道路の確保が可能である。軍民共用空港の設置により、新たな航空路の開設や空港機能を活用した産業の誘致など地域経済発展の拠点を形成することができ、移設先及び周辺地域はもとより北部地域の自立的発展と振興につながり、ひいては県土の均衡ある発展を実現することができると考えている。

また、新たな空港の整備に伴い、高規格道路の北部延伸など新たな道路を整備することにより、空港を中心とした交通ネットワークが形成され、空港活用の利便性の向上や地域の活性化を図ることができる」

さらに、同知事はつづけていう。

「県としては、この案を提示するに際して、『移設にあたって整備すべき条件』として、次の四事項について具体的な方策が講じられるよう国に求めるものである。

まず、第一は、普天間飛行場の移設先及び周辺地域の振興、並びに跡地利用については、実施体制の整備、行財政上の措置について立法等を含め特別な対策を講じることである。

第二は、代替施設の建設については、必要な調査を行い、地域住民の生活に十分配慮するとともに自然環境への影響を極力少なくすることである。

第三は、代替施設は、民間航空機が就航できる軍民共用空港とし、将来にわたって地域及び県民の財産となり得るものであることである。

第四は、米軍による施設の使用については、十五年の期限を設けることが、基地の整理・縮小を求める県民感情からして必要であることである(33)」(です・ますなどを改めて引用)

「海上基地案の撤回、陸上での軍民共用飛行場の建設」が公約であったはずの稲嶺氏が、具体的な建設地や建設工法や規模なども決定しないままに、基地を受け入れてしまったのである。

さらには、政府から環境への影響を最小限に抑えるという何らかの保証をとりつけることもなく、このような決定を下したことは、県自らが自然環境保全指針に違反する決定をしたことにならないのか、大いに疑問である。

県民不在の基地受け入れ

県は、基地移設候補地を発表した直後、名護市に基地受け入れを要請した。

これに対し、一九九九年一二月、名護市の岸本建男市長は、普天間飛行場の代替施設を、最長一五年の使用期限を条件に受け入れることを表明した。

以前に、名護市の辺野古地域の女性や子どもたちが、私のところに押しかけてきて、こんな趣旨のことをいったことがあった。

「普天間は密集地で、事故が起きたらたくさんの犠牲者が出るからというので、基地を私たちのところに移すんですか。それは、私たちの命が普天間の人たちの命より軽いという意味ですか。命の尊さは、数の多い少ないの問題ではないはずです。命は平等なのだから……」

正直いって、私にはこれに返す言葉がなかった。たしかに、国と県と移設賛成論者たちは、移設の理由について、普天間基地は市街地の中心部にあって危険であり、過疎地域の辺野古に移せば危険の度合いがより少なくなるということを主張している。しかし、そこでも、人命に及ぶ危険が全くないわけではない。基地があるところには、必ず事件・事故が起こることは、過去五五年間、県民は身をもって学んできた。

現在、北部地区の人たちが、経済的に〈背に腹は代えられない〉ほどの状況にあるのだろうか。私は、在任中、「均衡ある県土の発展」を目指して、北部振興策にも努めてきた。したがって、よしんば、基地を移設することによって、経済的に多少は潤うことがあったとしても、子どもたちの将来や生命の危険、さらには、賛否の対立による地域社会の崩壊を考えると、基地を受け入れることはあまりにもデメリットが大きすぎるのではないかと、危惧されてならない。

県外・海外への移設こそが現実的

沖縄には、「チュニクルサッティン、ニンダリーシガ、チュクルチェーニンダラン」（他人に痛めつけられても眠ることはできるが、他人を痛めつけては眠ることはできない）というけい伝えがある。そのため、自らの痛みを他へ移したがらない。

復帰前の一九六九年七月に、コザ市（現在の沖縄市）の知花《ちばな》弾薬庫基地で致死性の高い毒ガスが漏れ、そこで働いていた二四人が入院したことがあった。この事故を、米軍はひた隠しに隠していたが、アメリカの「ウォールストリート・ジャーナル」紙が暴露した。住民の抗議で、米軍は、これらの化学兵器をアメリカの管理下にある太平洋上のジョンストン島に移すことに決めた。その時、沖縄住民の多くは、「移すのではなく、廃棄すべきだ」と強く主張した。それというのも、自分たちの苦痛を他人へ押し付けたくはなかったからだ。この事例が示唆するように、沖縄の人びとは、自分にとって嫌なことは、他人にとっても嫌なことだと考慮したわけである。このようなありようが、沖縄のいわば伝統的な「こころ」といえよう。

したがって、これまで、私たちは沖縄の基地を本土に移そうとは、ほとんど主張しようとはしなかった。自らの苦しみ、嫌なものを他人に押し付けたくないことに加えて、県外への移設が問題の本質的な解決につながるとは思われなかったからだ。

この点に関連して、評論家の加藤周一《かとうしゅういち》氏は、こう語っている。

「米軍基地は日本全国を蔽っているが、殊に沖縄に集中し、その被害も大きい。そこで沖縄県民がもとめるのは、沖縄と本土との間の極端な不平等の是正ということになろう。すなわち基地の沖縄内での『移転』ではなく、『縮小』である。

しかし、移転先を本土とすれば、沖縄の問題は本土の移転先に再現される。被害の平等化は、問題の解決ではない。問題の真の解決は、沖縄の基地縮小から日本国領土内の外国の基地縮小へ向かうことの他にはないだろう。すなわち中央対地方、多数対少数の利益の調整ではなくて、日本国民全体の利益そのものの再検討に行き着かざるをえない。今沖縄が提出している課題の中心は、そこにある」(『成田・巻町・沖縄県』「軍縮問題資料」九六年一一月号)

このことは、沖縄内での基地移設の場合にも同様であろう。

ところが、その一方で、読売新聞社の渡辺恒雄《わたなべつねお》氏のこんな意見もある。紙幅の制約から全容を伝えることはできないが、あえて部分的に引用すると、つぎのとおり。

「朝鮮半島に不安定要因がある現在、在日米軍の削減をするべきではないという意見は極めて強い。たとえば、九七年四月に日本を訪れたゴア副大統領は、この時期に兵力を削減することは、間違ったシグナルを北朝鮮に送ることで、北朝鮮の暴発を誘う可能性もあると発言している。

地域の安定が崩れることで失われる人命を考えれば、基地の存在におけるある程度の不利益は、産業振興政策等の別の形で補償するしかない。ある特定の人々の権利を守るために、将来、国民の権利を守る大前提となる国家の安全保障およびさらに大きな数の人命が失われる可能性を高めるわけにはいかない。

したがって、現在の沖縄の在日米軍の兵力は維持されるべきである。それによって日本の安全保障は維持でき、全国民の生存権を保障できる」（〝民主主義と国家安全保障〟春秋会草稿、九七年八月四日）

これは、要するに自らは何ら傷付くこともない安全な場所にいて、平気で他人に犠牲を強いる発想である。つまり「大の虫を生かすためには、小の虫を犠牲にするもやむを得ない」ということにほかならない。

かつての沖縄戦で、政府・軍部権力者たちのこの種の論理で、沖縄の人びとがいかに致命的な打撃を被ったか、今さら繰り返すまでもなかろう。地元の「琉球新報」（九七年四月一八日付）は、もはや沖縄県民にとって米軍基地の存在は、忍耐の限界にきている、といい、米軍の駐留がその地域住民に及ぼす影響とはどんなものか、国民の広範な層の人びとに考えさせる意味で、〝本土移転論〟も主張してみるべきだ、という趣旨のことを社説で述べている。こうした主張は、まさしく県民の最大公約数の声を代弁したものといってよい。

　世の保守的指導者たちは、常日頃「安保条約は大切だ」と声高に強調しながら、全くといってよいほど、自らはその責任と負担を分かち合おうとはしない。応分の負担さえしようとはしないのだ。こうして、沖縄の過重極まる基地負担についても、その一部ですらどこも引き受けようとしないことに、当時の県庁のスタッフの間で次第に苛立ちが見られるようになった。あげく、読谷村の村長時代、自ら長年にわたって基地行政でさんざん苦労してきた山内徳信《やまうちとくしん》出納長などまでが、「県外に移しましょう。そして基地の苦しみをわかってもらいましょう」といい始めるようになった。

　それでも当初は、「それをいうと、本土の側から〈本土の沖縄化だ〉と反発してくるよ」と私は答えたものだが、政府首脳や国会議員たちと折衝を繰り返すうちに、いつしか行政的対応策を考えざるを得なくなった。他の三役メンバーも山内出納長の意見に賛成するようになり、ついに私たちは、意に反する形でやむなく「県外移設」をも要請するようになった。その要請が実ったのが、県道一〇四号線越え実弾砲撃演習の本土五ヵ所への分散移設であった。

　ちなみに稲嶺知事も名護の岸本建男市長も、県外移設は「不可能で非現実的」といって県内移設にする、といっているが、私にはその理由がわからない。現実に他府県の人たちの中には、本土への移設を求めて要請活動をしている人たちもいるのだ。

東京国際大学の前田哲男教授は、以前から現在沖合を埋め立てて建設中の山口県の米軍岩国《いわくに》基地への普天間基地の移設を検討すべきだと主張しているし、ごく最近では、アメリカ下院軍事委員会のメンバーにより、「普天間基地の沖縄県内への移転は住民が反対しているので、山口県の岩国基地に那覇軍港も浦添《うらそえ》の倉庫地帯も全部一緒にして移せるものかどうかを議会事務局に調査をさせている」ことも判明した。県外への移設については、これまでアメリカの軍事評論家たちも、「普天間の代替施設を沖縄県が引き受けなくても、日本本土へ移せばアメリカは、軍事的機能を損ねる心配はない」と異口同音に主張しているのだ。

むろん、私たちは、本土への移設より、むしろグアムやハワイ、もしくはアメリカ本国へ移すのが最善と考え、その実現に向けて努めてきた。ハワイ州のベンジャミン・J・カエタノ知事は、九五年一〇月四日、沖縄県民と私あてに公開の手紙を書き、「日米の戦略的連帯は、アジア・太平洋地域にとって重要だが、沖縄はこれまで過重な負担を担ってきたので、日本本土も負担を分かち合うべきだ」と述べるとともに、「冷戦の終結に伴い、沖縄の米軍は削減できる。いくつかの基地や部隊をハワイを含め米本土に引き揚げることは可能だ。そこならもう少し彼らは歓迎されるだろう」と述べている。

また、ケイトー研究所のダグラス・バンドウ氏も、「長い目で見ると、沖縄駐留の第三海兵遠征軍や韓国駐留の米軍の必要性はなくなっている。日米の協力体制は必要だが、日本に前線基地はいらない。ハワイやグアムに退くべきだ。海兵隊の撤退を日本政府が要求すれば、米国はただをこねるかもしれないが、それにこたえるだろう」と語っている。

海兵隊をグアムのアンダーソン基地やハワイ、もしくは米国本土へ移転させるべきだと主張するのは、彼らばかりではない。マイク・モチヅキ氏、前田哲男氏をはじめ、田岡《たおか》俊次《しゅんじ》氏(朝日新聞編集委員)、ヘンリー・キッシンジャー氏などもほぼ同じ意見である。キッシンジャー氏は、日本政府が決断すれば、ハワイやグアムへの海兵隊の移動は容易だと語っている。

一方、ハワイ、グアムのほかにカリフォルニア(チャーマーズ・ジョンソン)、アラスカ(ダグ・パール、ポール・マクヘイル下院議員)、米国本土(米国の学者ら三〇人、クリス・ヘルマン、ミカエル・オハーロン、後藤田《ごとうだ》正晴《まさはる》氏ら)、ベトナム(クルーラク退役海兵少将)、オーストラリア(マイク・モチヅキ、ミカエル・オハーロン)、韓国(チャールズ・フリーマン)への移転論も注目に値しよう。

私たちは、九八年四月、このように多くの軍事・安全保障問題の専門家たちの論考を提示し、政府の審議官クラスの人たちと、海上へリポート基地の問題や海兵隊の削減問題について、およそ六時間もかけて議論し合った。その結果、判明したことは、政府側と沖縄側とには、普天間基地の返還をめぐって、基本的な認識の違いがあることであった。

政府側の主張に一貫して見られたのは、なぜ沖縄内で、そして辺野古へ移設せねばならないかの理由は全く説明しないまま、「沖縄に置くのが最善である」と断定するだけなのだ。つまり、米三六海兵隊航空群の機能は、ヘリコプター部隊だけでなく、地上部隊もいるし、海からの支援部隊もいる。それらが三位一体となった時、米海兵隊は、初めて最高度の軍事機能を果たすことができるというのだ。そして、そのためには、訓練場や飛行場、港湾など多くの施設が必要だというわけである。

第三章　沖縄の米軍基地における特有の問題

私は、戦後沖縄の最大の問題は、基地問題だと思っている。その中でも、とりわけ重要なのが軍用地の強制収用（使用）問題である。元東京大学学長の加藤一郎氏も、「沖縄軍用地問題」という論説で、つぎのように記している。「そもそも、米国が沖縄に施政権をもつようになったのは、沖縄を自由世界の軍事基地とするためだったから、米軍によって軍用地が取得されることは、はじめから予定されたことであった[34]」と。しかし、敗戦後五五年間の土地問題のありようを振り返ってみると、あまりにもひどすぎると思わざるを得ない。

ただでさえ土地が狭小な沖縄にとって、広大な土地を軍用地に取られたことは、大きな痛手であった。しかも、戦前六〇万人足らずの人口は、戦後の復員や外地出稼者の引き揚げ、疎開からの帰還等によって八〇万人に膨れ上がっただけでなく、加藤氏が指摘するとおり、出生によって毎年二万人ずつの人口が増加したからだ。その結果、一九五五年当時の人口密度は、沖縄全体で一平方キロメートル当たり三一六人、沖縄本島だけをとると四五〇人となっていた。このような世界有数の過密な状況下で、沖縄住民の土地が強制的に接収され、米軍基地が建設されたのである。

復帰前の土地の強制収用

一九四五年八月一五日に太平洋戦争は終わったが、沖縄戦は、守備軍首脳が自決した結果、先島《さきしま》・奄美《あまみ》群島の日本軍の上級指揮官三人が、九月七日に嘉手納《かでな》の米軍司令部に出頭し、降伏文書に調印して、ようやく終結した。

先にもふれたが、沖縄の軍用地は、沖縄戦の過程で、米軍が日本本土侵攻作戦を遂行する目的で占拠したのが始まりである。そして敗戦後は、住民を民間人収容所に隔離している間に、沖縄本島の一〇%ほどに相当する、約一二四平方キロメートル（一九五一年当時）の巨大な領域を囲って、軍事基地として使用した。

その後、五一年九月八日に調印された対日講和条約が翌五二年四月二八日に発効したことに伴って、アメリカの沖縄占領は法的に終わるが、それまでの約七年間、米軍や米国民政府は、ハーグ陸戦法規五二条などを法的根拠にして、地元住民の土地を接収していったのである。

この頃、四九年の中華人民共和国政府の成立、五〇年の朝鮮戦争勃発を契機に、米軍は本格的な基地の拡大・強化を図る必要に迫られていた。米政府が、講和条約第三条に基づいて沖縄の施政権を獲得したことにより、米国民政府はより多くの土地を強制収用するための措置をとり始めた。まず、五二年一一月には、布令第九一号「契約権」を公布して、地主との契約による土地収用を図ろうとした。しかし、契約期間が二〇年と長期に及んだうえ、補償額も少なく、大方の地主が反対したため、失敗に終わった。

しかし、五三年には、三月の布令一〇五号、四月の布令一〇九号「土地収用令」、一二月の布告第二六号と、つぎつぎに布告・布令が出された。それにより、賃貸契約を結んだ地主たちからわずかな賃料で土地を借り上げることができるほか、契約が不調に終わっても強制的に土地を使用したり、緊急時には使用権取得前でも強制立ち退きを命じたりできることになった。こうして、真和志《まわし》村（現在の那覇市）の四つの集落と伊江《いえ》島の真謝《まじゃ》や宜野湾《ぎのわん》村（現在の宜野湾市）の伊佐浜《いさはま》といった集落などで、米軍による農民の土地の強制収用があいついだ。伊佐浜では、米軍のブルドーザーによって農作物を潰されたり家屋を破壊されたりして、二〇〇家族ほどが強制的に立ち退かされた。伊江島では、銃剣を持った米兵たちによって、一二〇家族が強制的に立ち退かされ、家屋や農作物などが焼き払われた。

とくに伊江島の場合は、米軍の態度が露骨であった。これに対し、農民たちは、土地を失っては生きていけないと、乞食姿に身をやつして沖縄本島を縦断する「乞食行進」を行い、米軍の土地収奪の非を訴えた。そのため、日本本土から激励に訪れた人たちも多くいた。こうして次第に〝島ぐるみの土地闘争〟の様相を呈するようになった。

このように必要以上に土地問題が悪化したのは、米軍人と沖縄人との土地に対する考え方が全く違っていたことによると考えられる。沖縄人にとって、「土地は祖先が残してくれたかけがえのない遺産」であり、祖先と自分たちを結び付ける「心の絆」であった。したがって、土地は、たんに作物を作る土壌でもなければ、売り買いの対象物でもなかった。しかし、モービリティー（移動性）を文化的特性の一つとするアメリカ人にとっては、土地が高く売れさえすれば、すぐに売り払って平気で他所へと移っていくのが常だった。こうした見方の違いもあって、五〇年代初め頃から始まった農民たちの抵抗は、後には後述のプライス勧告を機に「島ぐるみの土地闘争」へと発展、折から高まりつつあった日本復帰運動と相乗効果を発揮して、いちだんと盛り上がりを見せた。

このように、地元住民の土地収奪に対する激しい抗議行動が起こると、米軍は、軍用地の安定的確保を図る立場から、一定の妥協をせざるを得なくなった。

ところが、五四年三月、米国民政府は、突如、「軍用地料の一括払い」方針を発表した。地元の軍用地主たちは、真っ向からこれに反対した。「二〇年間近くの地料が一括して支払われるのを認めてしまえば、国土を外国に売り渡すことにもひとしい」「地料は毎年値上がりしていくのに一括払いされてしまったら、値上がり分は貰えなくなり、莫大な損失を被る」というのが地主たちの主張であった。

琉球政府立法院（復帰以前の沖縄側の立法機関）は、このような地主たちの「一括払い」反対の意向を踏まえ、五四年四月三〇日に「軍用地処理に関する請願決議」を全会一致で採決した。

その中で要請したのが、つぎの「土地を守る四原則」として知られているものである。

㈠ 一括払い反対＝米国政府による土地の買い上げ・永久使用・地料の一括払いは、絶対に行わないこと。

㈡ 適正補償＝現在使用中の土地については適正にして完全な補償がなされること、使用料の決定は、住民の合理的な算定に基づく要求額に即してなされ、かつ評価および支払いは一年ごとになされなければならないこと。

㈢ 損害賠償＝米合衆国軍隊が加えた一切の損害については、住民の要求する適正賠償額をすみやかに支払うこと。

㈣ 新規接収反対＝現在、米合衆国軍隊の占有する土地で不用の土地は、早急に開放し、かつ新たな土地の収用は絶対に避けること。

まことにもっともな要求であり、ここには、強権で土地を接収された地元住民の強い不満が滲み出ているように思われる。

こうして、沖縄の軍用地問題を解決するため、五五年五月に、琉球政府の比嘉秀平《ひがしゅうへい》行政主席（行政主席は現在の知事）以下六人の団員で構成された渡米折衝団が初めてアメリカを訪問し、前述の四原則の実施を求めた。一行は、米下院の軍事委員会で証言するなどして要請活動を行った。[35]

プライス勧告と島ぐるみの闘争

一九五五年一〇月に、米下院軍事委員会の特別分科委員会のメルビン・プライス委員長以下、随員も含め民主・共和両党から一二人程のメンバーから成る超党派の調査団が、沖縄に派遣された。一行は、四日間にわたって土地問題を調査した。そしてその結果を一二項目に要約し、「プライス勧告」として、下院軍事委員会のカール・ヴィンソン委員長に提出した。[36]

だが、その内容はといえば、地元住民の期待を完全に裏切るものであった。つまり、地主たちが強く要望した軍用地料の一括払いを取り止めにするのではなく、逆に一括払いによるフィータイトル（永代借地権）の取得を勧告していたからだ。

しかも、勧告にはこんなことも書かれていた。

「米軍にとって沖縄は極東の軍事基地として最も重要な地域である。住民による国家主義的な運動も見られず、長期の基地保有も可能で核兵器を貯蔵し、使用する権利を外国政府から制限されることもない。米国は、軍事基地の絶対的所有権を確保するためにも使用料を一括して支払い、特定地域については新規接収もやむを得ない」

このようにプライス勧告が核兵器の貯蔵問題を含む内容となっていることに、沖縄住民はシ

島ぐるみの土地闘争に参加する人びと（写真提供／阿波根昌鴻）

ョックを受け、土地収用への反対運動はこの勧告をきっかけに「島ぐるみの闘争」へと発展した[37]。

当時、立法院では互選で議長が選ばれていたが、行政の長たる琉球政府の主席も司法の長たる高等裁判所の裁判長も、米国民政府の任命によるものであった。それだけ、米軍の力は強大だった。

五六年六月、「プライス勧告」の内容を知らされた琉球政府は、「もし米軍が土地を守る四原則を認めなければ比嘉行政主席以下、公務員全員が総辞職する」と表明し、抵抗する姿勢を示した。これに対し、米国民政府のヴォンナ・F・バージャー首席民政官は、「総辞職をしたら米国民政府が直接統治をする」と強圧的に出た。そのため琉球政府は総辞職方針を引っこめて妥協をせざるを得なかった。こうした中、当時那覇市長だった当《とう》間《ま》重《じゅう》剛《ごう》氏(38)に代表される一括払い是認論者たちが台頭してきた。つまり、彼らは、アメリカが永久的に土地の所有権を確保しないことを前提にして、しかも沖縄側の主張する適正補償を認めるならば、必ずしも一括払いに反対しない。逆に一括払いで得た金を沖縄復興に使うべきだという考え方の持ち主だった。

このような沖縄住民あげての島ぐるみ闘争のさなか、五六年一〇月に、比嘉秀平行政主席が急死した。すると、琉球銀行総裁をはじめ地元の政財界人は、こぞって当間氏を主席に推した。それを受けてブース民政府長官は、主席の公選を主張する人々の意思に反して、当間氏を行政主席に任命した。かくして、長期にわたった土地闘争も、結局のところ、軍用地料を五六年段階の二倍に引き上げること、土地代の支払いは、原則として毎年払い、希望者には一〇年分の前払いをすること、という決定で、五八年末にほぼ終結した。つまり、一括払いは中止されたものの、実際には「四原則をなし崩しにしての妥協」案と批判されながらの決着を見たのである。

しかし、当時、絶対的な権力をもっていたアメリカ軍部に対し、部分的ではあれ、その土地政策を修正させ得たことは、「島ぐるみの闘争」の成果として、その後に続く住民運動に少なからぬ影響を与える結果になった。

ところで、当時、「一括払い賛成論」を唱えた一部財界人の言動や身の処し方は、現在の一部財界人が振興策と引き換えに基地誘致論を唱える発想と、うり二つといってよい。また、五六年一二月に公選で選ばれた瀬長亀次郎《せながかめじろう》那覇市長が、翌年一一月に米国民政府により追放された問題にしても、地元経済界の一部の野心家たちがムーア高等弁務官に入れ知恵した結果であったことも、現在の一部土木建築業者たちが政府有力者にすがって画策するありさまと何ら変わりはない。「アメとムチ方式」のやり方も五〇年代とまるでそっくりである。

阿波根昌鴻さんのこと

ここで土地闘争の指導者について一言ふれておきたい。先に述べた伊江島の土地接収の反対運動を指導した阿波根昌鴻《あはごんしょうこう》さんのことだ。(39)阿波根さんは、地元政財界の有力者たちとは、まるで反対の人。同氏は、非常にユニークな発想の持ち主で、土地闘争のさなかに、「アメリカ人は何もわかっていないからわれわれが教える。そのためにはわれわれが知的な存在でなければいけない、農民も勉強しなければいけない」ということで、東京の労働学校に伊江島の青年たちを順繰りに送って勉強させたほか、阿波根さん自らも労働学校に入って勉強している。すでに六〇歳を越してからの話である。

阿波根さんは、それ以前には、京都の一燈園《いっとうえん》で西田天香《にしだてんこう》氏の下で「自分をむなしくして社会のために尽くす」ことを学んだという。阿波根さんは、沖縄戦で自分の一人息子を戦死させたこともあって、戦後、平和運動に関心を抱き、九七歳の今日まで、『米軍と農民』『命こそ宝―沖縄反戦の心―』『人間の生きる島』といった本を著すかたわら、反戦平和資料館「ヌチドゥタカラ（命こそ宝）の家」を主宰している（注　二〇〇二年三月没）。

沖縄の人びとは、土地問題が起こる一九五三年頃までは、アメリカ人将兵に対してどちらかといえば好意的であった。戦時中に命を助けられた者が少なからずいたほか、敗戦直後は、衣食住の世話も無償でみてもらったからである。しかし、米軍が農民の土地を強制的に収用するようになると、人びとは次第に反発するようになった。阿波根さんも自らの土地が強制収用されるまでは、米軍に感謝し、米国人が親切で知的なのを羨ましく思っていたとのことである。

しかるに、その知的で尊敬していた米軍人たちが、伊江島の彼らの集落に、「土地を測量する」といって突然ブルドーザーで押しかけてきたのに驚かされた。阿波根さんらは、最初は、測量をやめさせるためにみんなからお金を集めて、泡盛などを買ってアメリカ兵に与えた。すると米兵たちは測量もしないで帰っていったという。ところが、つぎは米兵たちが銃剣を持ってやって来て、土地を接収するために農民たちを畑から追い出し、野菜など作物をすべて焼き払ってしまった。そのため、それまで尊敬していた米軍人が戦前の「鬼畜」に戻って見えたという。それで阿波根さんは、米兵に対し、恐れることもなく、「銃を持つ人は銃で滅ぶ、ということをわれわれ沖縄人が彼らにきちんと教えなければいけない」などと主張するのである。

阿波根さんの著書を読むと、同氏の発想のユニークさがよくわかる。「彼ら（米兵）は、何も知らない連中だから、声を荒げたりケンカをふっかけたりしてはいけない。交渉するときは、手も肩より上にあげてはいけない」とある。阿波根さんは、土地闘争の渦中で、他人から義捐《ぎえん》金《きん》などが送られてくると、われわれは他人から物をもらう乞食ではないといって、最初の頃は返したという。

しかし、土地接収の不当性を訴えるために琉球政府の行政主席や立法院議長のところに行っても、琉球大学の学長のところに行っても、だれも本気で相手にしてくれない。

そのため、伊江島の農民が武力によって乞食を強いられていることを示すために、わざわざ「乞食行進」をやったというわけである。同氏は、農民だからといって卑下する必要はないとして、行政府首脳に対しても、「あなたたちが食べている米は、われわれがつくったものです。味噌もわれわれがつくったものです」といって訴えたのである。

阿波根さんは、また、逮捕や投獄されることも恐れずに、生命がけで米軍射撃場にある自分の土地に入って農耕に従事したりもしていたが、その手法は、「絶対に武器を持ったり、相手を傷つけたりしてはいけない」と非暴力主義の立場を強調している。同氏の言動は、まさに農民の「こころ」と沖縄の「非武の文化」を体現しているといえよう。

「朝日報道」の意義

このような阿波根さんだけに、支援者も少なくなかった。とりわけ、アメリカ人の中に支援者がいたことが大いに幸いしたようだ。たとえば、メソジスト系のハロルド・リカードという牧師もその一人だが、ロジャー・ボールドウィンという国際人権連盟議長らの知遇を得たことも、同氏の活動に大きくプラスした。

このボールドウィン氏こそは、一九五五年一月一三日の「米軍の『沖縄民政』を衝く」という、いわゆる「朝日報道」の発端をつくった方である。同氏は、沖縄の米軍による土地接収をめぐる人権抑圧のひどさを問題にして、日本自由人権協会に調査を依頼した。協会は、約一〇ヵ月にわたって調査をして、その結果を報告書にまとめた。その内容を、「朝日新聞」が前引の見出しで報道したわけである。

この「朝日報道」こそは、戦後沖縄の実情に、初めて本土の人びとの目を向けさせる契機となった。その意義は、極めて大きいといわねばなるまい。

これまで見てきたように、一九五〇年代の前半頃から米軍と地元住民との間に土地問題をめぐる対立が次第に表面化するようになった。日本政府は、こうした事態を気にはかけながらも、米国民政府が日本政府の干渉を極度に嫌がっていたこともあって、大っぴらに関与することはできなかった。わずかに土地闘争が燃えさかった頃、数名の国会議員を調査団として派遣した程度であった。

日本政府が沖縄問題に関与するようになったのは、ジョン・F・ケネディ大統領が登場し、ライシャワー氏が駐日大使として赴任した六一年頃からである。同大使は、日本政府に沖縄への財政支援をなすよう進言し、日本政府と沖縄との橋渡し役を演じた。

一方、ケネディ大統領は、国家安全保障問題担当特別補佐官のカール・ケイセン氏を団長とする「ケイセン調査団」を沖縄に派遣し、労働問題をはじめ沖縄のあらゆる問題について調査させた。そして、六二年三月に沖縄統治に関する画期的な「ケネディ新政策」を発表、沖縄が日本の一部たることを初めて公式に宣言した。そのうえ、米国は、沖縄住民に対する責任を従前よりも効果的に果たし、さらに琉球列島が日本の施政下に復帰する場合の一体化の困難を軽減するため、米国の援助を増やすだけでなく、日本政府の援助についても継続的に日米間で協議するように指示するなどした。

加えてケネディ大統領は、大統領行政命令を改正して、米民政官を現役の軍人から文官に改めることなどの施策も講じた。むろん、大統領の打ち出した新機軸は、先にふれたケイセン調査団の勧告に基づくものであった。

ところで、この頃、日米安全保障条約が、沖縄には適用されていなかったこともあって、ベトナム戦争に対して、沖縄では、それほど大きな反対運動は起きていなかった。しかし、長崎の佐世保《させぼ》基地と同じように、沖縄でも基地従業員たちは、戦死したアメリカ兵の死体を洗わされたり、遺体を袋に入れて米本国に送還する作業などもやらされていた。一部の港湾荷役の組合員たちが、ＬＳＤ（上陸用舟艇母艦）へのベトナム向け物資の荷役を拒否したりしたが、大した盛り上がりにはならなかった。

ベトナム戦争当時、米軍基地周辺の繁華街は、ケバケバしいネオンがこうこうと輝き、「バケツで金を運んだ」といわれるくらい繁盛を極めたという。しかし、それはまたこのうえなく殺伐としたにぎわいでしかなかった。明日死ぬかもしれないという思いで自暴自棄に陥った若い米兵たちが、休暇で沖縄基地に戻ると、有り金を全部使い果たしたからだ。兵士たちは、休暇とはいえ、一瞬たりとも心理的緊張をゆるめることはできなかったようだ。基地周辺でバーを経営していたある女性は、「戦場より休暇で沖縄に来た兵士達は、死の恐怖におびえていて、何気なく後ろから肩でもたたこうものなら、反射的に戦場での仕草で自分の身を守る構えをしたものです」と記録している。(40)

復帰後の土地問題

復帰時点のいろいろな記録を読み返すと、いかにして沖縄に安保条約を適用するかについて、ずいぶんと議論されている。それまで沖縄には、核も自由に配備できただけでなく、基地の使用も自由であった。それだけに、この条約を適用することによって、日本本土と同じように拘束されるのは好ましくない、というのが米軍側の考えであったからだ。

これに対し、地元住民は、一日も早く米軍の不当な統治から脱却して、日本へ復帰することに望みをたくしていた。

しかし、いざ沖縄が日本への復帰を果たしたとなると、今度は、日本政府が、安保条約に基づいて住民の土地を軍用地として米軍に提供しなければならないことになった。そのため日本政府は、復帰直前の一九七一年一二月に「沖縄における公用地等の暫定使用に関する法律」（略称「公用地暫定使用法」）を制定し、翌年五月一五日の復帰と同時にこれを施行した。

この法律は、契約を拒否する地主の土地に対して、強制的に使用する措置を認めたものであった。したがって、復帰後、軍用地の大半は、形のうえでは日本政府と地主との「賃貸借契約」の関係となったが、その実質的内容は、復帰前とほとんど変わることはなかった。

日本政府が米国に提供している駐留軍用地は、前章でも述べたように、安保条約第六条及び日米地位協定の第三条と第四条の規定に基づいて提供されている。日本政府が米軍に土地を提供する場合には、原則として、日本政府（防衛施設局）がまず土地所有者と当該土地の賃貸借契約を締結して使用権原を取得し、米軍に提供するという方法を取る。つまり防衛施設局長と土地所有者との間で賃貸借契約が締結された後、防衛施設局長は、土地所有者から土地の提供を受け、これを米軍に引き渡す形となる。

復帰後、防衛施設局は、契約に応じる地主へ協力謝礼金を出すなど、利益誘導的な手法を用いて説得する一方で、契約を拒否する地主に対しては、公用地暫定使用法を適用して強制的に収用した。また、同法の有効期限である五年以内、すなわち七七年五月までに、契約拒否地主を説得して合意を取り付ける考えであったが、困難だと判断し、この法律の期限延長措置を図った。

沖縄は、戦争で土地の公簿・公図の類をすべて焼失してしまった。したがって、沖縄の地主たちにとって地籍を明確化することが不可欠の課題であった。ところが、それに便乗して、未契約地の使用のさらなる延長を企図した新しい法律を制定しようとしたのだ。もちろん、このような形で土地の確保をもくろむ新法の制定には未契約地の地主たちが強く反対した。

しかし、七七年五月一八日に「沖縄県の区域内における位置境界不明地域内の各筆の土地の位置境界の明確化に関する特別措置法」が、国会で賛成多数で可決され、即日施行されるにいたった。この法律の成立は、「公用地暫定使用法」失効の四日後となってしまったため、基地を使用するにあたって「四日間の法的空白」が生じる結果となり、大きな問題となった。

ともあれ、この法律の付則によって、一旦期限切れとなった公用地暫定使用法の第二条の強制使用期限が、五年から一〇年に改められ、契約拒否地主の土地を政府が再び合法的に強制使用しつづけられたのである。

公用地暫定使用法は、八二年に事実上失効したが、政府は、それ以降も、本土の基地用地に適用されていた「駐留軍用地特別措置法」(「日本国とアメリカ合衆国との間の相互協力及び安全保障条約第六条に基づく施設及び区域並びに日本国における合衆国軍隊の地位に関する協定の実施に伴う土地等の使用等に関する特別措置法」)という長ったらしい名称の法律に基づいて、使用権原を取得し、米軍に提供したわけである。

ところでこの駐留軍用地特措法は、八二年以降、代理署名拒否問題が起こる九五年までの間に三回も適用され、土地の強制的使用がつづけられた。ちなみにその論理は、つぎのようなものである。
(一) 公用地暫定使用法が失効するまでになお相当数の未契約地主がいたため、政府は、引きつづき駐留軍用地として確保する必要がある土地(対象一三施設)については、駐留軍用地特措法に基づく使用裁決を県収用委員会に申請し、一九八二年四月一日付同委員会の裁決により、施設の種類に応じて、二年、三年、五年の使用期限を確保した。
(二) 一九八七年五月以降も引き続き駐留軍用地(対象一一施設)として確保する必要がある民公有地の一部について、土地所有者の合意が得られなかったため、政府は、駐留軍用地特措法に基づく使用裁決を県収用委員会に申請し、一九八七年二月二四日付同委員会の裁決により、五年又は一〇年の使用期間を取得した。

(三) 一九九二年五月一五日以降も引き続き駐留軍用地に提供する必要がある民公有地(対象一三施設)の一部について、土地所有者の合意が得られないため、政府は、駐留軍用地特措法に基づく使用裁決を県収用委員会に申請し、一九九二年二月二三日付同委員会の裁決により、三年又は五年の使用期限を取得した。

いやはや、民間地の土地使用に対する大変な腐心ぶりだったのだ。このような日本政府の暫定措置は、先に見た米国民政府の布告・布令と変わらない。

九五年、私が代理署名を拒否した四度目は、賃貸借契約の終了に伴って九六年四月一日から使用権原が終了する楚辺《そべ》通信所用地と、九七年五月一四日に駐留軍用地特措法の使用期限が終了する嘉手納飛行場等の一二施設用地に関わるものであった。

時の村山総理は、勧告・命令などを通じて代理署名を行うように求めてきたが、私が拒否の姿勢を変えなかったため、同年一二月に、福岡高等裁判所那覇支部に職務執行命令を求める訴訟を提起した。そして翌九六年三月二五日に下された判決は、国側の主張を認め、私に代理署名を命じるものだったが、私はこれにも異議を申し立てて、最高裁判所に上告した。

結局、この年の初めに新しく首相となった橋本総理が、三月二九日に代理署名を行った。そして、郡覇防衛施設局長が、沖縄県土地収用委員会に対して、一三施設への駐留軍用地特措法の適用と楚辺通信所の緊急使用を求める申請を出したのである。だが、この委員会の審理が進行中に、楚辺通信所内の一筆の使用期限が終了してしまった。

その一二日後、第一章でも述べた普天間《ふてんま》基地全面返還が突如決定したのである。

法の適用については、土地収用委員会が行政から独立した弁護士や学識経験者で構成され、客観的かつ公平に審議したうえで裁決するものなので、必ずしも政府の要望どおりうまくいくとはかぎらない。事実、普天間基地返還発表の約一ヵ月後、五月一一日に出された裁決は、緊急使用の不許可というものであった。「現に土地を使用しているうえ、使用が遅れることによる施設への影響についても、国の説明は、不十分だ」ということが理由であった。このため、この土地については、国の事実上の「不法占拠」という異常事態がつづいた。

そのような状況下で、八月二八日に下された最高裁の判決は、福岡高裁の判決を支持して県の上告を棄却するものであった。

駐留軍用地特措法の改正

楚辺通信所の件にも増して問題化したのは、嘉手納基地を含む一二施設内の土地（二四八筆）のケースであった。この土地の所有者は約三〇〇〇人にものぼるので、事態はさらに深刻だった。

政府にとっては、使用期限である一九九七年五月一四日までに使用権原を取得できない場合に備えて、それ以降も、土地収用委員会の裁決によって権原が認められるまでの間、それらの土地を暫定的に使用できるような措置をとる必要があった。

そのため、政府は、九七年四月三日、駐留軍用地特別措置法の改正案を閣議決定し、国会に上程してしまったのである。これについて、当時、日本弁護士連合会会長だった鬼追明夫《きおいあきお》氏らは、つぎのような「駐留軍用地特別措置法改正案に対する声明」を発表し、政府のこの措置を批判した。

「(前略) いうまでもなく、強制使用・収用は、憲法29条が国民に保障する私有財産権を制限、剝奪するものであるから、その手続については、土地収用法により、厳格に法定されている。駐留軍用地特措法は、この土地収用法では強制使用・収用できない米軍用地のための特別法であり、それ自体憲法9条、前文にかかげる平和主義、憲法31条の適正手続の保障等との関連で問題の存するものである。しかるに、今回の改正案は、暫定使用の名目のもとに、単に起業者たる国が裁決申請をしただけで使用権原の取得を認め、厳格な手続を経ないで国民の財産権制限を可能にするものである。したがって改正案は、収用委員会という第三者たる準司法機関の審理・判断を経て初めて強制使用・収用を可能ならしめている現行土地収用法の体系を根本から否定するものであり、きわめて違憲性の強い改正案と評価せざるをえない。

しかも、手続の進行中に、その手続によっては政府の意図する目的が達せられないとして、政府自らが法改正を企図することは、法によって権力の恣意的発動を抑止しようとする法治主義ないし法の支配の理念に反するものである。

当連合会は、沖縄の基地問題に重大な関心をよせ、1972年の復帰前からことあるたびに実態調査を行い、それを踏まえて意見表明や提言等を行ってきた。今回の改正案は、沖縄県民に対する新たな人権侵害を招来するだけでなく、違憲状態を作出し、民主主義に反し、法に対する国民の信頼を著しく損なう虞《おそ》れがあることを特に憂慮せざるをえない。

国会においては、各党が慎重審議をなし、安易に人権侵害をもたらし、法の原理・原則に反する法改正を行うことのないよう強く要望するものである」

こうした批判ものかは、違憲性の強いこの改正法は、九七年四月一七日に可決され、事実上、沖縄だけにしか適用されない法律が制定されたのである。これをもって、楚辺通信所は「不法占拠」ではなくなり、他の一二施設とともに「暫定使用」ということになった（これらの土地の大部分については、県土地収用委員会の採決を経て、九八年九月に防衛施設局の使用権原が正式に認められた。残りの一部の土地については、委員会が国の申請を却下したため、防衛施設局長が建設大臣に不服審査請求を行い、その間、暫定使用がつづけられている）。

その後、駐留軍用地特措法は、九九年七月八日に、他の四七四本の地方分権整備法案とともに国会の裁決にかけられ、再度改正された。

この再改正によって、これまで地主が拒否をした場合は市町村長、市町村長が拒否をした場合は県知事が代理署名をする手はずになっていた軍用地の強制使用の手続きが大幅に変更された。国から県への機関委任事務だった「代理署名」と「公告・縦覧」代行(41)が、丸ごと国の直轄事務となった。その結果、新規使用でも、新規収用でも、たとえ土地収用委員会によって裁決が却下されても、内閣総理大臣が自ら代行して裁決できるようになった。つまり、市町村や県の権原が、すべて国の手に移り、もはや国への異議申し立てさえできなくなったわけである。とんだ地方分権というよりない。私が、日本の民主化は未《いま》だしというゆえんである。

明治政府による軍隊常駐

ところで、先に見たように、政府が民間の土地の所有者に有無をいわせぬ形で、軍用地として使用するため強制的に接収するやり方は、じつは明治政府が沖縄の廃藩置県の時に先鞭をつけたことであった。

一八七五年五月七日、太政大臣三条実美《さんじょうさねとみ》は、琉球藩に対し、「其の藩内の人民保護の為め第六軍管熊本鎮台分営被置候条此旨相達候事」という通達を発した。折から上京中の琉球王府代表の池城安規《いけぐすくあんき》らは、約一週間後にこの三条公からの通達を受け取った。その時は、一行は帰藩のうえ、藩王へ伝えるという趣旨の文書を大久保利通《おおくぼとしみち》内務卿に提出するにとどめた。

三条太政大臣は、また同じく五月七日付で陸軍省に対し、琉球藩へ分遣隊を設置する件について通達するとともに、場所を実地検分したうえで設営に着手するよう命じた。これを受けて、五月一八日には、琉球藩の処分を手がけるため、内務省から松田道之《まつだみちゆき》処分官と伊地知貞馨《いじちさだか》、河原田盛美《かわらだもりよし》らが沖縄に派遣された。一行には、陸軍省から陸軍少佐長嶺譲《ながみねゆずる》、陸軍大尉宮村正俊らが第六軍管区分遣隊の設置に当たるため同行した。

明治政府は、沖縄に軍隊を常駐させることについて、まさに有無をいわせぬ形で事を進めた。すなわち、琉球王府が軍隊を置くことに頑なに反対したのに対し、「抑《そもそ》も政府の国内を経営するに当《あた》っては其要地所在に鎮台又は分営を散置して以《もっ》て其地方の変に備う是政府国土人民の安寧を保護するの本分義務にして他より之を拒み得るの権利なし是断然御達に相成たる所以《ゆえん》也(42)」といって強行したのである。

だが、「藩内保護のため」に軍隊を置くというのはたんなる口実でしかなく、真の狙いは、逆に琉球藩の人民を鎮撫するためであった。そのことは、左院(立法院)の機密文書に「琉球は従来島津氏より士官を遣し鎮撫したれば其例に循《したがい》て九州の鎮台より番兵を出張せしむべし……番兵は外寇《がいこう》を禦《ふせ》ぐの備えにあらず琉球国内を鎮撫せんが為めなれば必《かならず》しも多人数を要せざるべし(43)」とあることからも判明する。

要するに、明治政府も「沖縄の人びとの安全を守るため」と称して、かつての「薩摩の琉球入り」の時と同様に、沖縄の人民を鎮撫するために軍隊を沖縄に常駐せしめたわけだ。しかも、『琉球の歴史』の著者、スタンフォード大学のジョージ・H・カー教授によると、それさえも、大久保内務卿が、琉球王府代表たちに対し、日本政府が琉球人民のために台湾征討軍を出すなどして、いかに危険を冒したかとか、救済米や船舶を下付したことなどをあげて、日本政府の寛仁な態度への恩義の気持ちを植え付けようと図ったというのである。

カー教授の言葉を借りると、「これは礼儀作法に対して、非常に敏感なこの国（琉球王府にとって急所点でもあった。（引用者注　『琉球処分』によって）日本が設定した国境内に、琉球を引き入れる努力をした日本の最大の目標は、琉球に日本守備軍を駐屯させる、ということの最後の項目に直接あらわれている。このことさえも、琉球国民の福祉のため日本が犠牲を払う行動であるとして、恩情溢れ他を保護する形で琉球使節に指示したものである(44)」

こうして日本軍隊の琉球駐留は、藩民保護の大義名分とは逆に、沖縄の軍事基地化の端緒となった。しかもその際に農民の土地を強制的に取り上げ、兵舎をつくったり演習場をつくったりしたのである。それも、ろくに補償措置さえ講じないままにだ。いきおい、民有地の強制収用の発端は、明治政府にあるといっても過言ではない。

このように沖縄の土地問題は、長い長い歴史的背景を持っているわけだ。

沖縄基地の特殊事情

ここで軍用地返還と跡地利用について少しふれておこう。日本本土の米軍基地は、前にふれたとおり、ほとんどが国有地である。そのため、返還された後の計画が立てやすい。しかし、沖縄の軍用地の場合は、「銃剣とブルドーザー」で農民から強制的に取り上げた私有地が多い。広大な軍事基地（用地）は、じつに三万二〇〇〇人余にのぼる多くの地主の地権が複雑に入り組んでいて、具体的に跡地利用計画を立てるためには、長い期間と地主たちの努力が不可決となる。

地主たちの中には、道路一つつくるにも減歩に難色を示し、返還に応じようとしない者も少なからずいる。さらに、あまりにも長期間にわたって基地として使用されていたため、返還されても土地の境界がわからなかったりして、その境界をめぐって地主同士でもめる場合も多い。地主同士が集まって、お互いに損をしないように合議制で決めようとしても、そう簡単にはいかないのだ。当然といえば当然のことだが、個々の地主の土地に対する執着心は、異常なほど強く、一坪でも余計に自分のものにしようと権利を主張する者も出てくるからだ。

しかも、沖縄ではブラジルとかペルーなど南米に移住した人たちも多く、基地内には、その人たちの土地も少なくない。彼らは、沖縄に帰る気はなくても、容易に土地を手放そうとはしない。したがって、たとえ地主が亡くなっていても、相続者との問題なども複雑にからんで、所有権の移転もけっして容易でない。

問題なのは、こうした地主たちのことばかりではない。戦後、自分の生まれ育った集落に帰れずに、米軍から割り当てられた土地に住んだ人びとの場合、土地は他人のものでも、長く住むと居住権が生じる。すると土地利用を図ろうにも、たとえ本来の所有権者が承諾しても、居住権を主張して出て行かない人たちもたくさんいる。このように地主や居住者の権利が複雑に入り混じるうえ、地主たちの意向が、その時その時の経済状況にも左右されて一定しないので、全体的な計画立案は遅々として進まない。それが実情である。

かりに跡地利用計画がうまく立てられたとしても、さらに困難なことには、跡地利用が軌道に乗るまで相当の時間がかかるため、その間、地主の賃料収入に対する保障措置を講じなければならないという問題がある。私たちが必死になって、返還された米軍用地の民間利用を促進させる「軍用地転用特別措置法」(「軍転特措法」)の制定に取り組んだのも、そのためであった。

復帰後初の革新県政の屋良《やら》朝苗《ちょうびょう》知事の時に、初めてこの法案の制定を政府に要請したが実現できず、屋良県政を継承した革新系の平良《たいら》幸市《こういち》知事の時も、再度要請したけれども実現することができなかった。そして平良知事の後を継いだ保守系の西銘《にしめ》順治《じゅんじ》知事は、法案そのものを取り下げてしまった経緯がある。

とはいえ、私たちがいくら声を大にして基地の整理・縮小を訴えても、返還後の法的な補償をきちっとしていかなければ、地主たちを納得させることはできない。したがって、目先の安定した収入を求めて基地の返還に反対するのは、そのかぎりでは、当然すぎるほど当然なことである。

そのため私は、九四年一一月に再選を果たして二期目の県政を担当するようになってから、それまで以上に本格的に軍転特措法の制定に取り組んだ。一部の県出身国会議員をはじめ、政府関係者の協力を得て、あらゆる努力をした結果、翌九五年の五月、ついに議員立法によって「沖縄県における駐留軍用地の返還に伴う特別措置に関する法律」を成立させることができた。この法律によって、それまで三ヵ月程度の補償措置しかなかったものが、返還後も三年間を限度に土地料相当分が補償されることになった。私たちが要求したのは、七年間の補償だったが、それは政府・与党の拒否にあった。それでも基地返還後の受け皿の整備としては大きな前進だった。

基地汚染の責任はどこに

一九九〇年に知事に就任して以来、多忙を極めた九二年を除いて、私は毎年訪米して、基地問題の解決を米国政府・議会・軍部の要路に要請してきた。最後の訪米では、それまで六度にわたる要請行動の結果、米国内に沖縄の立場を理解してくれる人たちが急速に増えているのがよくわかった。とりわけ、九五年に起きた「少女暴行事件」の後は、支援者が目立って増えていった。

九八年五月、私は七度目の訪米をした。この時の訪米では、とくに普天間飛行場の早期返還と海兵隊の削減を強く訴えたが、それとは別に、米国内の返還された基地跡地の視察に重点を置いた。返還跡地の環境問題が、かつてなく深刻になっていると聞いていたからだ。

カリフォルニア州ロサンゼルス近郊のマーチ空軍基地とノートン空軍基地の二ヵ所を見て回った後、連邦政府の環境担当者から、環境汚染についてたっぷり時間をとって説明を受けた。そのうえで、サンフランシスコのフォート・メイスンとプレシディオの陸軍基地跡地を視察してみて、環境汚染問題があまりにも深刻なのを知って、私はひどくショックを受けた。

米政府の環境専門家の説明によると、アメリカ国内の返還された三五ヵ所の基地跡地で環境調査をしたところ、すべての基地跡地が汚染されていることがわかったという。とりわけ滑走路の跡地は、必ずといっていいほど、PCB（ポリ塩化ビフェニール）やオイル類などによって地中深くまで汚染されているとの話だった（米国防総省は、九六年に、閉鎖した軍用施設七六〇〇ヵ所を調査したが、一八〇〇ヵ所で汚染していたと発表している）。

ノートン空軍基地の跡地では、地下九〇メートルまで掘り下げて地下水を汲み上げ、機器を二四時間フル稼動させて浄化したうえで、別のところから水を流し込むという方法で、地下水を入れ替えているのをじかに目撃することができた。こうした浄化作業は、近年になって環境汚染の人間への悪影響が明らかになったため、ようやく本格化したとのこと。しかも、汚染地域を浄化するには、気が遠くなるほどの巨額の資金と長い年月を要するだけでなく、実際に人が住めるようにするためにはより膨大な資金がかかるため、人が居住しない地域の浄化作業は、ほどほどにして、人が居住するところに限って、徹底的に浄化するというのが実情であった。

私が現場を見た地域の浄化作業は、費用が一ヵ所一億七〇〇〇万ドルかかるといっていたが、場合によってはその五倍にも一〇倍にもなる可能性もあると語っていた。こうなると、やれ〈経済発展、経済発展だ〉といったかけ声で必死になって働いても、また、稼いだお金を全部つぎ込んでも、果たして返還跡地の環境浄化を完了できるのだろうかと考え込まずにはおられなかった。

恐るべき基地汚染

むろん日米両国には、厳しい基準の環境法がある。米国の場合、国の環境法に基づいた州政府の環境基準が設定されている。したがって、連邦政府は、環境汚染については、自らの責任において、使用中の基地及び閉鎖された基地跡地等の浄化を行っている。返還基地跡地の利用についても、「基地閉鎖・再編法」という法律に基づいて、国防総省が中心となって責任をもって対応することが、法律で規定されている。ところが、日本ではそういう法律はないので、責任の所在も明確でないのが現状である。

たとえば、金武町《きん》にあるキャンプ・ハンセン演習場では、実弾による射撃演習が日常的に行われていて、着弾地では頻繁に火災が起こっている。二〇〇〇年三月にも一〇五万平方メートルの原野が焼失してしまった。しかし、このように貴重な自然が破壊されても、その被害を食い止める有効な手段は、今のところないに等しい。

また、一九九七年、米軍が湾岸戦争の際に使用したのと同じ劣化ウラン弾が、久米島《くめ》の北方にある鳥島《とり》の演習場で使用されていたことが発覚して問題になった。劣化ウラン弾は、放置しておくとそれこそ大変なことになるといわれている。にもかかわらず、関連情報は全く公開されてもいなければ、その危険性についての正しい知識さえ与えられていない。

また、キャンプ・シュワブには、化学兵器や生物兵器が貯蔵されていたことがある。復帰前に、これらの有害毒物に敏感なヤギが弾薬庫近くに飼育されているのを「ワシントン・タイムズ」紙がすっぱ抜いて、大騒ぎになったことがあった。

猛毒のPCBや有害物質による汚染の問題も深刻だ。八六年には、嘉手納基地で米国製の変圧器からPCBが漏洩した事故が起きた。しかし、米軍はその事実を公表しないまま、六年間にわたって除去作業をつづけたあげく、汚染した土壌を本国に搬出したといわれている。また、九四年には、PCB入りのトランスが野積み状態で放置されているのが確認されたことがあった。九七年には、キャンプ瑞慶覧《ずけらん》の排水管の沈殿物からPCBが検出されるという事件、さらに、九九年六月の嘉手納弾薬庫の一部返還用地からの六価クロムや鉛などの有害物質の検出は記憶に新しいところである。

ところで、現在の軍転特措法の「三年間」の補償期間内にこのような汚染が除去されないと、たとえ返還されても、すぐには有効利用はできない。

その一例をあげておこう。軍転特措法の適用第一号は、本島中部恩納《おんな》村の西海岸の恩納通信所である。この地域は、九五年一一月に返還されたが、米軍施設は、それより一四年も前にほかに移されていながら、そこは、放置されたままとなっていた。

この通信所跡地にはコンクリート製の汚水処理槽があり、その中に約一二〇トンの汚泥が溜まったままになっていた。九七年三月、この汚泥と汚水処理槽の流水口から、PCB、カドミウム、水銀、鉛、ヒ素等の有害物質が検出されたのである。

PCBやカドミウムは、たとえ微量でも生物濃縮によって蓄積される。ちなみに、日本政府は、PCBについて、七二年に一部を除く使用を禁止し、七四年にはその製造を禁止する措置を取った。ついで七六年には、PCBを含有している廃棄物を特別管理産業廃棄物と定める法律も制定している。

そのうえ、問題は、地位協定によって、施設の返還に際しては、米軍は原状回復義務がないことである。

恩納通信所跡地は、ＰＣＢが検出されて以来、二年間近くも何ら使用されないまま放置されていた。そこで、私は、こんなことでは軍転特措法を成立させた意味がないと考え、橋本総理にお会いした時、じかにそのような事態についてお話しした。すると、橋本総理は担当者を呼び、すぐに処理をするよう指示された。その結果、汚染されて放置されたままの汚泥は、航空自衛隊恩納分屯地内の国有地に移送してもらうことになった。

このように、ＰＣＢ汚染問題に対する沖縄の反応が大きいことに、在沖海兵隊の高官は困惑しているようだ。米太平洋軍の準機関紙「星条旗」紙が、九七年二月二八日付で、こう報じている。

「発見されたＰＣＢの量は、米国の環境保護の基準では容認できる範囲内であるが、日本の環境基準に照らし合わせるとかなり範囲を超えている。高官は、これが米国国内であれば、このような除去作業を行う必要はないが、日本の環境基準にしたがう気持ちを示したい、としている。今回のＰＣＢ汚染（引用者注　九七年二月に起きたキャンプ瑞慶覧の問題）の原因はまだ突き止められていない。この基地はかつて六〇年代と七〇年代にコミュニケーション・ケーブルを貯蔵していたことが、その可能性としてある。電気ケーブルの絶縁体には、PCBが含まれている。かつて電気器具のクーラントや絶縁体には、PCBが使用されていたが、七〇年代の後半にPCBの使用は禁止されている」

さらに、この種の汚泥の撤去作業と移送作業の経費は、地位協定の規定によって日本側が負担することになっている。それもすべて政府の負担ではなく、そのほとんどは県が負担することになる。しかも、この種の問題が、時の総理の一言で解決が進んだり進まなかったりするというのも、考えてみれば、おかしな話である。

こうした事件のほかに、浦添《うらそえ》市の牧港《まきみなと》補給施設で起きた六価クロム流出事件、嘉手納基地周辺の井戸水炎上事件、あるいはホワイト・ビーチでの原子力潜水艦寄港による放射能漏れ事件などをはじめ、ベトナム戦争時には、沖縄基地から化学兵器や枯れ葉剤などが運び出されたり、サリンが貯蔵されていたりした事件や、原油流出事故、基地からの赤土流出による水域汚染等、基地あるが故の環境汚染問題は、数えあげればきりがないほどだ。

フィリピンでは、九一年から九二年にかけて、アジア最大の米海軍基地スービックやクラーク陸軍基地を含む、すべての米軍基地を完全返還させることに成功した。しかし、撤去から八年経った今でも、米軍の残した有毒廃棄物による被害は、未解決のままだという。基地跡から発ガン性の重金属物質が発見されたり、基地外の住民の井戸が重油で汚染されていたり、土壌汚染や水質汚染の問題が深刻な社会問題となるなど、「負の遺産」たる後遺症がつづいて、人びとを苦しめている。

一方、ドイツの米軍基地跡地の場合、米側は、自らの費用で汚染を浄化しているという（「沖縄タイムス」九八年五月二六日付）。私たちは、これら他国の事例を「他山の石」として、大いに参考にしなければならない。

想像を絶する航空機騒音

米軍基地は、化学物質の汚染だけでなく、航空機による騒音公害もひどい。沖縄県の調査によると、一一市町村約四八万人が航空機騒音による被害を被っているという。四八万人といえば、県人口の三八％である。

普天間飛行場や嘉手納飛行場の周辺では、早朝から軍用機のエンジンの調整音に悩まされるだけでなく、学校では騒音のために授業の中断も珍しくないほどだ。たとえば、嘉手納基地に近い（滑走路より約八〇〇メートル）屋良《やら》小学校では、一時間の授業中に五秒以上継続した授業中断が一〇回にものぼった記録もある（一九九六年一月の調査）。

騒音は朝、昼ばかりでなく夜間にも及ぶ。たとえば、普天間基地周辺では、一ヵ月間の二二四四回の騒音被害のうち、夜の七時から朝の七時までの被害は、五九五回を数えるというあり

市街の建物のすぐ上空を飛ぶ米軍飛行機（写真提供／ゆい出版）

さまだ（九五年六月の調査）。

九九年三月に、県から委嘱され、沖縄県公衆衛生協会が設置した山本剛《やまもとたけ》夫《お》京都大学名誉教授を会長とする「航空機騒音健康影響調査研究委員会」が、九五年から始めた四年間の調査を終えて最終的な報告を発表した。この調査は、大規模なサンプルによる科学的な調査としては、世界に例を見ないものだといわれているが、それによると、とくに嘉手納飛行場周辺で、①航空機騒音が幼児の身体的・精神的要観察行動を増加させていること、②騒音と低体重児の出生に因果関係があること、③長年の騒音が原因で聴力を喪失した者がいることなど、航空機騒音による住民の健康への悪影響が立証された。

こうした航空機の騒音に対して、二〇〇〇年三月、嘉手納飛行場の航空機騒音に悩む、嘉手納基地周辺六市町村の住民五五四四人が、日米両政府を相手に夜間・早朝の飛行差し止めと、精神的・身体的被害への損害賠償を求める「新嘉手納基地爆音訴訟」を那覇地裁沖縄支部に提起した。

この訴訟は、前回の「嘉手納爆音訴訟」の確定判決を受けての新たな訴訟であり、基地関連の訴訟の原告人数としては、日本最高のマンモス訴訟となった。

前回の「嘉手納爆音訴訟」は、八二年から九八年五月まで一六年間という長期の裁判がつづいた。そして、九八年五月の判決は、「国に対し総額一三億七三〇〇万円の支払いを命じるとともに、被害の救済範囲をうるささ指数（W値）七五デシベル以上まで拡大」するものであった。しかし、原告団が最も強く訴えた夜間飛行差し止め請求は、「被告である国には、『第三者（米軍）の活動を規制する権原がない』」として退けられてしまった。

こうして、新しく提訴された「新嘉手納基地爆音訴訟」は、騒音の原因をつくっている米軍に飛行制限を求めるため、前回と違って、米国政府をも被告の中に加えている。しかし、同政府が応訴するか否かは、今のところ不明だ。東京の横田基地での公害訴訟では、米政府は応訴していないので、楽観はできない。

新爆音訴訟の五五四四人の原告団の結成について、仲村清勇《なかむらせいゆう》準備委員長は、「前の裁判で騒音被害が確定していながら、実態の改善はみられず、住民の不満の高まりが裏打ちされた」と語っているほか、同訴訟団の弁護士を務める池宮城紀夫《いけみやぎのりお》氏は、「五千人という数の重みを日米両政府は謙虚に受け止めるべきだ」と語り、「裁判闘争で数の力が騒音被害認定の新たな説得性を持つものと期待」するとしている（「沖縄タイムス」二〇〇〇年二月一二日付）。

米兵による犯罪五〇〇〇件

前にもふれたが、私が知事在任中の九五年九月に、米兵による痛ましい事件が起こった時、県警の容疑者の身柄引き渡し要求に対し、米軍は地位協定を楯に拒否した。この事件は、県民の激しい怒りを買い、翌一〇月二一日には沖縄本島で八万五〇〇〇人、宮古《みやこ》・八重山《やえやま》の離島を含めると九万一〇〇〇人が参加して、米軍に抗議する県民大会が開かれた。そして、同大会では、米兵犯罪の根絶、地位協定の改定、基地の整理・縮小を要求する大会宣言が採択された。

この種の事件は、これまで何度も発生しているだけに、耐えに耐えてきた県民の怒りが爆発したわけだが、このほかにも、一年ほどの間に、宜野湾市で米海兵隊員が女性を殺害した事件（九五年五月）があったほか、北谷町《ちゃたん》の国道五八号線で米海兵隊員による母子三人を死亡させた交通事故（九六年一月）や、北中城《きたなかぐすく》村の国道三三〇号線で発生した米海兵隊員による女子高生のひき逃げ事件（九六年二月）など、事件・事故が頻発した。

七二年の復帰以降、九九年までに米軍構成員（軍人・軍属・家族）による刑法犯罪は四九五

区分／年次	米軍構成員等事件（件数）							全刑法犯（件数）	米軍構成員等事件比（%）
	凶悪犯	粗暴犯	窃盗犯	知能犯	風俗犯	その他	計		
1972	24	77	51	16	1	50	219	4,656	4.7
1973	37	93	122	14	3	41	310	4,469	6.9
1974	51	82	151	7	1	26	318	4,874	6.5
1975	31	52	110	7	1	22	223	6,394	3.5
1976	49	75	97	5	1	35	262	8,644	3.0
1977	69	76	121	13	1	62	342	10,605	3.2
1978	30	70	130	5	2	51	288	10,115	2.8
1979	43	46	113	5	5	62	274	10,668	2.6
1980	35	44	168	21	1	52	321	11,354	2.8
1981	27	38	130	20	1	37	253	11,578	2.2
1982	19	53	94	9	3	40	218	12,794	1.7
1983	15	38	114	8	0	36	211	13,471	1.6
1984	10	26	75	4	3	24	142	15,139	0.9
1985	13	32	91	3	2	19	160	16,392	1.0
1986	8	15	116	3	0	13	155	13,916	1.1
1987	5	18	69	3	3	25	123	12,704	1.0
1988	6	20	133	3	2	13	177	12,705	1.4
1989	7	21	110	2	0	20	160	10,671	1.5
1990	6	11	60	2	0	19	98	8,185	1.2
1991	10	5	79	0	2	20	116	8,090	1.4
1992	3	2	35	1	2	8	51	7,923	0.6
1993	6	3	141	1	1	11	163	8,987	1.8
1994	5	17	101	0	2	11	130	10,691	1.2
1995	2	6	44	1	3	14	70	12,886	0.5
1996	3	6	24	0	2	4	39	11,078	0.4
1997	3	8	27	0	2	4	44	10,310	0.4
1998	3	8	17	2	2	6	38	7,300	0.5
1999	3	7	22	2	1	13	48	7,989	0.6
計	523	943	2,545	157	47	738	4,953	284,588	1.7

表6　沖縄県における米軍構成員等による犯罪検挙状況

出典　「沖縄の米軍及び自衛隊基地」平成12年3月（沖縄県総務部知事公室基地対策室）

三件も発生しているが、そのうち一〇％を超える五二三件は、殺人や強盗、強姦、放火の凶悪犯罪である。しかも、この数字は、あくまで沖縄県警が事件として処理した件数である。このほかに、犯人が特定されなかった事件や、被害者が告訴しなかったために、事件には至らなかった事例など、統計数字に表れない事件・事故も少なくない。

犯罪件数の多さや犯罪内容のひどさもさることながら、罪を犯した米兵が特権によって守られていることは、県民からすれば、どうみても納得できないことである。

また、日本の場合は、米兵の公務中の事件・事故は、これまで四万五〇〇〇件を超え、死者も五一二人に達しているが、これらを引き起こした米兵で、軍事裁判にかけられたものはいないという。交通違反を犯した米兵の責任を問おうとすると、米軍はすぐに「公務中」の証明書を届けてくるといった事態が、今もまかり通っているというわけである（「しんぶん赤旗」二〇〇〇年二月一七日付）。

今まで見てきたように、米軍基地があるゆえに発生する問題は、さまざまであり、沖縄の人びとは、常にその危険と隣り合わせに生きているのである。

だからこそ、「安保条約が、日本にとって大事だ」と真に国民の多くが考えるのなら、そして政府がそうした民意を代弁するのであれば、もっともっと国民的議論を深めたうえで、安保から派生する問題点を明確にし、その負担と責任を分かち合うべきである。そのような議論をしないまま、過重な基地負担を一方的に押し付けようとしている姿勢が、県民に対する差別的処遇だと見なされて必要以上に反発を買い、問題の解決をこじらせている面が大きい。

基地を維持する思いやり予算

沖縄の基地問題を考える時に、どうしても避けて通れないのが、日本政府による米軍への財政的援助、すなわち「思いやり予算」の問題である。

思いやり予算は、一九七八年に当時の金丸信《かねまるしん》防衛庁長官が「円高ドル安で経済的に苦しいアメリカ側の立場を思いやって、在日米軍への財政的支援の拡大を」という言葉で始まったという。その額は、七八年は六二億円であったが、二〇〇〇年度現在では約二七五五億円と四五倍近くに膨れ上がっている。しかし、この金額は、在日米軍駐留経費だけであり、基地周辺対策費、民有地施設借料、リロケーション費用のほか、自治省その他からの基地交付金、国有地の無償提供など、日本側が負担している実質上の駐留負担総額は、同年度で約六六〇〇億円にもなるという。

ちなみに、沖縄県の年間予算は、約六四〇〇億円程度。一三〇万人余の県民を養う金額よりも、わずか四万七〇〇〇人の在日米軍の駐留費総額のほうがはるかに多いというわけだ。そんなこともあって、アメリカ政府が沖縄に基地を置くことにこだわる一番の理由は、この「思い

年度	駐留費負担総額(億円)	提供施設の整備(億円)	労務費の負担(億円)	水道・光熱費の負担(億円)	訓練移設費(億円)
1978	62		62		
1979	280	140	140		
1980	374	227	147		
1981	435	276	159		
1982	516	352	164		
1983	608	439	169		
1984	693	513	180		
1985	807	614	193		
1986	817	627	191		
1987	1,096	735	361		
1988	1,203	792	411		
1989	1,423	890	532		
1990	1,680	1,001	679		
1991	1,776	957	791	27	
1992	1,982	997	904	81	
1993	2,286	1,052	1,073	161	
1994	2,503	1,022	1,252	230	
1995	2,714	982	1,427	305	
1996	2,735	973	1,448	310	3.5
1997	2,737	953	1,462	319	3.5
1998	2,538	737	1,481	316	4.0
1999	2,756	934	1,503	316	4.0
2000	2,755	961	1,493	298	4.0

表7 「思いやり予算」の推移

注　防衛施設庁の資料による。

やり予算」だといわれている。いきおい、この「思いやり予算」がなくなれば、沖縄の米軍基地の削減や兵力の撤退は早まるのではないかと思われてならない。

細川護熙《ほそかわもりひろ》元総理が、九八年に、アメリカの「フォーリン・アフェアーズ」誌の七、八月号に興味深い論文を発表した。それによると、「アメリカ軍を駐留させてその経費を支払っている国が、日本を含めて世界で二二ヵ国あるが、日本を除いた二一ヵ国の駐留経費の合計よりも、日本一国で支払っている駐留経費のほうが多い」というわけである。細川氏は「その面でも『思いやり予算』は考え直す時期にきている」といい、「二〇〇〇年は『思いやり予算』の更改期にあたるので、二〇〇一年からは、思い切って『思いやり予算』を撤廃し、米軍を日本から撤退させる方向に持っていくべきではないか」という趣旨のことを述べている。これに対し、アメリカの研究者の論文の中には、「われわれのほうが、いわゆる『思いやり予算』とは比較にならぬほど、多額の金を負担している」と反論しているものもあった。

しかし、この「細川論文」に呼応するかのように、アメリカ共和党系のシンクタンクといわれるケイトー研究所は、九九年に「政策提言書」をアメリカ議会に提出し、「五年以内に在日米軍を日本から撤退させ、その二年後に安保条約廃棄の通告をすべきだ」と提言したものである。このように、冷戦構造が崩壊した後の国際情勢を見据え、「思いやり予算」を廃止し、安保条約も考え直す時期にきているとする主張が、日米双方から出ている事実は注目に値しよう。

北部振興策と基地移設案

アメリカでは二〇〇〇年一一月に大統領選挙がある。県と名護市の普天間飛行場の代替施設の受け入れ表明は、せめてこの選挙が終わるまで待てなかったのか不思議でならない。民主党が勝てば、あまり期待は持てないかもしれないが、共和党が勝つとなれば、政策はかなり変わるのではないか。前述したように、共和党系のシンクタンクであるケイトー研究所は、「五年以内に日本から基地を引き上げ、その二年後に安保条約を廃棄する旨、通告すべきだ」という提言を行っているくらいだからである。もっとも、それがすぐに政策変更につながるかは、問題だが……。

また、アメリカではQDR（Quadrennial Defense Review）といって、大統領就任初年度ごとに国防計画の見直しを行っているが、第一章でもふれたように、一九九〇年、共和党のジョージ・ブッシュ大統領の時に、三期（一二年）に分けて、沖縄の基地を縮小することを明らかにし、一期目で在日米軍から約六〇〇〇人を削減した。しかし、二期目に民主党のビル・クリントン氏に敗れ、この基地縮小計画は凍結された。だから、一一月の大統領選挙で共和党が勝てば、この凍結が解除されることも期待できるかもしれないからだ。

前述の「東アジア戦略報告」の中心人物であるジョセフ・ナイ氏は、国防総省を辞めてハーバード大学に戻った。国防総省のカート・キャンベル国防次官補代理と国務省のラスト・M・デミング次官補首席代理も、他所へ転任することがはっきりしている。それだけに、大統領選挙の結果がどうなるかもわからない時点で、県が普天間基地の県内移設に白紙委任状を出す理由はないのである。

何度も、そしていつもいうように、安保条約が本当に大事だという国民的な合意があるとすれば、国民全体がその負担を負うべきであって、過去半世紀にわたってずっと重い負担を担わされてきた沖縄に、さらに新しい負担を強いるべき理由はない。自らの安全と平和を守るために他人を犠牲にするというのは、どうしても納得しかねるからだ。ちなみに、沖縄側は、けっして不当なことを求めているわけではないにもかかわらず、それがなかなか理解されない。そこに、この問題の難しさがあるのを痛感する次第である。

また、日本は議会制民主主義の国であり、すべてのものごとは多数決で決められる。現在、衆参合わせて七五二人の国会議員のうち、沖縄県選出はわずか八人である。県選出の国会議員がいくら束になって沖縄基地問題を主張しても、圧倒的多数を占める他府県選出の議員たちが沖縄の問題を自らの問題として取り上げてくれないと、解決しようもない。

その端的な例が、先の「駐留軍用地特別措置法」の一部改正問題である。同法案は、衆議院が九割の賛成、参議院は八割が賛成してあっけなく通ってしまった。このように、民主主義の名においてて少数派がたえず無視されてしまう構造になっている。沖縄の基地問題に当てはめると、本土の国会議員が、この問題を自分の問題として考え——事実、沖縄の基地問題は、日米安保と地位協定に基づくのだから、沖縄だけの問題ではなく日本国全体の問題なのだが、沖縄だけの問題にしてしまっている認識を改め——、マイノリティー（少数派）の意見を尊重し、本当の意味での民主化を図っていけば、沖縄の基地問題の解決は、そんなに難しいとは思わない。しかし、現実には、大方が沖縄の問題を他人事のようにとらえているために、解決の糸口が閉ざされてしまっているのだ。

第四章　「サミット」後に向けて

前章までに、普天間《ふてんま》基地の代替施設が名護《なご》市に誘致されてきた経緯（第一章）、海上基地にまつわる問題点（第二章）、基地あるがゆえの沖縄特有の問題点（第三章）について、おおまかに取り上げてみた。

すでに、沖縄県内では、一九九六年に行われた県民投票の結果にも表れているように、多くの県民が「基地反対」の意思表示をしてきたにもかかわらず、県、名護市では、普天間飛行場の辺野古《へのこ》沿岸地帯への移設をなかば地元にごり押しする形で受け入れさせようとしている。一般住民は、その問題の本質を十分に理解せぬまま、ほとんど諦めぎみに、次第に反対する意欲を失いつつあるかに見える。とりわけ、「サミットまではそっとしておこう……」という空気が賛成派と反対派の双方にあって、この重大な問題に対する人びとの関心が徐々に薄れてきている。このような事態は、まさにサミットの「影」の部分を露呈しているとしか思えない。

そこで、本章では、これまで述べてきたことを踏まえ、沖縄のあるべき将来像とその実現のために、現在、何が必要なのかを考えてみたい。

北部振興策の虚像

かつて、沖縄の振興策に基づく土木建築事業の多くが、本土の大手企業や米軍と米企業を利するだけにすぎないといわれてきた。公共事業の多くも、地元企業にとっては、ほとんどメリットがなかったという。しかし、ここ一、二年の沖縄の情勢を見ると、以前にもまして基地の存続と「取り引き」された振興策による一時的発展が、あたかも沖縄の自立的かつ持続的発展でもあるかのように見る人たちが増えているように思う。しかし、そのような見方は、間違いではなかろうか。最近、私は、県外の良識ある人たちから、沖縄の人びとはわずかのお金と引き替えに、その「こころ」や「誇り」までも売り渡してしまったのか、とよく聞かれる。そのたびに情けない思いを禁じ得ない。

大量の公共事業の導入が、時に一部政財界人の暗躍を招き、一部大企業を中心にした、基地依存のいわゆる防衛産業を受注する業者のみが裨益《ひえき》するケースが多い事実を、県民ひいては国民は、よく知っていてほしいものだ。

前述のロバート・ハミルトン氏は、一九九八年四月に、私あてに送ってきた論文「沖縄の近況」で、海上基地問題について興味深い指摘をしている。彼によると、海上基地建設の問題は、安全保障問題とは無関係な日米のゼネコンの競争の問題だというわけだ。少し長くなるが、その一部を紹介してみたい。

すなわち、彼は、「過去二年間、地元の反対や技術的及び戦術上の問題に対する米軍の疑念にもかかわらず、なぜ、海上基地建設案は生き残ったのであろうか。つまり、なぜ、日本の首相や国防総省はこの案を推進したのだろうか」と自問したうえで、「ヘリポート案については、不運にも、それを建設する論理の大部分は、軍の運用や即応性に関係せず、むしろ国防総省や日本政府を動かしているのは、財政やビジネスのようだ」と、自ら答えている。

さらに彼は、日本側で、海上基地建設を進める推進力は、軍事的な実利性よりも、浮体式ヘリポートが持つ商業的、市場的価値に関係があるからだという。海上施設は、メガフロートと呼ばれるが、それは海上に浮かべた多くの鉄の箱を合体させてつくる巨大な海上建造物で、日本鉄鋼協会はこの建造物を、〈二一世紀の建設エンジニアリング・システム〉と呼んでいる、と。

ハミルトンは、日本を本拠地とするメガフロート技術研究組合で当時常務理事であった渡辺和彦氏が、「もし、このシステムが沖縄の米軍ヘリポートに採用されたら、メガフロートの利用は今後盛んになり、メガフロートの時代が到来するでしょう」と語ったことも明らかにしている。そのうえで、彼はこう敷衍《ふえん》している。

「東京やニューヨークのような人口集中地域の沖合に、商業用のヘリポートを建設するという将来像に加え、他にも、産業廃棄物の処理施設や発電所、沖合住宅や商店街を建設しようというアイディアまで出ている」

「この文脈の中で、ヘリポート案を推進していこうとする理論の一部が明らかになる。日本の納税者の推定数十億ドルもの金が、米日安全保障条約を隠れ蓑に、日本の技術開発のための資金として使用されることになるかもしれないのだ。米国の会計検査院の報告書も、海上施設の維持費が莫大（引用者注　年間二億ドル）になることを指摘しているが、その維持費は、日本の公共事業関係者には朗報かもしれないが、恐らく沖縄の海兵隊の基地に割り当てられる予算は大きく削減されるだろう。この問題に詳しいある日本人は、最近つぎのような報告を話してくれた。『当初、日本の防衛庁と外務省は、技術的に詳細な詰めがないことと軍事利用した場合の沖縄の住民の反発を懸念したため、このヘリポート計画の採用を遅らせていた。このため、ヘリポート建設業界は、役所を飛び越えて、直接首相から許可をもらった』と」

「日本ではよく知られていることだが、建設業界から資金が流れ出すと政治的な思惑や計画が付随してくる。また、日本の建設業界が名護市に海上施設を建設する案を熱心に推進することにはいくつもの理由がある。去年一二月に行われた名護市民投票を取材した日本の新聞記者によると、海上基地建設案に賛成票を投じるよう地元の人びとを説得するために自衛隊員たちが名護市で戸別訪問をし、現金や酒を配っていたとのことだった。また、海上基地への賛成運動は実際に日本の建設会社が組織したものであったとも話していた。日本の人びとはこの事実をよく知っており、海上基地に賛成の立場である『ジャパン・タイムズ』でさえ、一九九七年一二月二六日の社説で、名護の市民投票に影響を及ぼそうとして、〈収賄〉行為をするなどの行き過ぎた行動をとった日本政府を批判した」

利権にふり回されるヘリ基地――あるレポートから

これに似たようなことは、「月刊テーミス」（二〇〇〇年五月号）という雑誌も報じている。その報道の真偽については、確かめようがないが、「普天間基地移設1兆円プロジェクト巡る大醜聞の全貌」という大げさな見出しが示唆するように、海上基地建設をめぐる日米政財界のかけひきが妙にリアルに描出されている。その概要はこうである。

日米の建設会社などによる複数の企業グループが、巨大プロジェクトの受注に向け、それぞれ違う移設場所と工法による代替基地建設の計画案をまとめ、政府だけでなく県や地元を訪れては、盛んに売り込みを図っている。これまでに上がっている案は、主に①陸上と埋め立て地を組み合わせたハイブリッド（混成）案、②浮体式のメガフロート案、③杭打ち桟橋（QIP）工法案、の三つだ。

①は、アメリカの大手建設会社が、国内の大手総合商社及びゼネコン、沖縄県の大手建設会社などと組んで、検討してきた案。辺野古沖の珊瑚礁リーフの内側二〇〇～三〇〇ヘクタール

を埋め立てて滑走路を建設、陸地部分にも基地施設を整備するもので、総工費は二〇〇〇〜三〇〇〇億円と見込まれる。工法が簡単なため、地元業者の参入が可能。ここに二五〇〇メートル級の滑走路を作り、知事公約の軍民共用空港の条件を満たす考えだ。

②は、もともと「沖縄における施設及び区域に関する特別行動委員会」（ＳＡＣＯ）の最終報告で合意された案を、ほぼそのまま踏襲したもの。造船、鉄鋼関係など一七社でつくる、メガフロート技術研究組合の主要メンバーである何社かの企業グループが推している。沿岸から三キロメートル沖合の珊瑚礁の外側、防波堤に囲まれた海域に、巨大な鉄の箱を浮かべて一五〇〇メートル級の滑走路を建設する。総工費は約五〇〇〇億円（引用者注　国防総省の見積もりでは九〇〇〇億円）。

③は、大手建設会社と①とは別の大手総合商社を中心としたグループが提案したもの。沖合に打ち込んだ杭の上に構造物を建設して滑走路とし、橋で結んだ陸上部に基地施設を建設する。総工費は①と②の中間程度。この案も②と同様、知事の陸上空港という公約を満たすことはできないが、最近巻き返しに懸命となっているところだ。

この筆者は、どの案も一長一短で決め手を欠くが、現時点で頭一つリードしていると見られるのが①案で、実際の使用者である米軍と米政府の意向を最も反映している案として、日本政府もこの案に傾いている、と述べている。米国防総省のリチャード・アーミテージ元次官補らが、ハイブリッド案を公式に評価していることや、別の米国政府高官が「メガフロート案は、もう最良の案でなくなってきている」と非公式に日本政府に伝えているほか、中心となっているアメリカの建設会社と県知事とのパイプも強固で、「北部の陸上部に県民の財産となる軍民共用空港をつくる」という公約は、この会社の提案とアドバイスを基にしたとされていることなどをその裏付けとしている。

さらに筆者は、地元では、三年半前の一九九六年一一月に、当時の久間章生《きゅうまふみお》防衛庁長官が「キャンプ・シュワブ沖案が有力」との見解を表明した直後から、地元業者を中心に複数の地域活性化協議会が結成されたことを明らかにするとともに、各協議会は、それぞれに自分たちの推す工法の賛同者を増やそうと、地元住民に働きかけているようだとも報じている。

そのうえで、九七年四月一〇日に行われた「軍民共用空港の素顔」と題する勉強会で、地元住民からは、「辺野古地区の一部の人の間で『私は5千万円（貰う）なら動く』とか『いや、5千万円では安い。1億円ならいい』という会話が飛び交っている」との話もあったとして、企業側の熾烈な受注争いが、住民を憶測の渦に巻き込んでいる、とも述べている。

これが真実だとすれば、普天間基地の代替施設の移設は、ハミルトン氏がいうように、安全保障問題とはじかに関係のない、ゼネコン同士の金銭上の取り引き問題ということになる。

まさに一兆円近くのビジネスをめぐって、米・軍需産業の雄が率いるグループと、日本の軍需産業の雄を中心とする資本が争い、加えて県内の土木建築業者や地元が、少しでもその利権の一部にありつこうと必死になっているという図式ではないか。

これが普天間移設問題の実態だとすれば、その解決は、それこそ至難の業であろう。筆者のいうとおり、〈カネを多くあげるから、どうか沖縄は今後とも基地の負担を引きつづき一身に背負ってください〉——ということになる。果たして、県民はこれにどう対応するのだろうか。

基地なき「経済政策」とは?

私たちが、これまで米軍基地の整理・縮小を訴えてきたのは、むろん「命《ヌチ》ど《ド》ぅ《ウ》宝《タカラ》」のいい伝えを貫き通すことにもあるが、同時に、基地問題が、じつは本来の安保問題を離れて、文字どおり利権の種となっているからだ。これでは、私たちは、沖縄戦で犠牲となった多くの人たちに申し訳が立たないのだ。先の知事選挙で、相手陣営は、「生活（銭《ジン》）ど《ド》ぅ《ウ》宝」が「命どぅ宝」の前提だと主張していたが、むろんそれにも一理ある。一人ひとりの人間が、それぞれの仕事についてしっかりとした生活基盤を築くことは、「命どぅ宝」に内実を与え、ひいては沖縄の自立にも繋がる道であることは否定できない。

したがって、基地のない「平和な社会」を基盤として自立経済の発展を期すために、私たちは、米国をはじめ内外の多くの識者が「米国本土を含め県外への基地の移転」を可能だとする案を、粘り強く懸命に追究してきた。

私は、在任中、県庁内外の多くのスタッフの協力を得て、基地返還によってもたらされる経済効果の大きさについて可能なかぎりまとめてみた。ここでは、そのほんの一部を紹介してみよう。

基地と経済の問題についてふれる時、沖縄本島中部北谷町《ちゃたん》のハンビータウンの例を取り上げるとわかりやすい。そこは、かつて海兵隊のハンビー飛行場として使われていたところ。一九八一年にこの飛行場が返還された後、北谷町が熱心に新しい街づくりに取り組んだ結果、現在は、大手スーパーや郊外型の店舗が立ち並び、若者たちに人気のある街として繁栄している。

ところで、そこが軍事基地だった時の軍雇用員は、わずか一〇〇人程度でしかなかった。それが、今では約二〇〇億円もの投資がなされ、この地域で働く人の数は、一万人に増えている。北谷町に入る固定資産税からみても、基地として使われていた時は三三〇万円程度だったのが、二〇〇〇年現在では約一億四〇〇〇万円にはね上がっているという。土地の資産価値も二倍以上にはね上がったとのことである。[45]

このように返還された基地跡地の活用しだいでは、基地として使用されていた時と比べて、平均して一〇倍の雇用を確保できると試算されている。ちなみに普天間飛行場は、この旧ハンビー飛行場の一一倍の大きさがある。ところが、そこで雇用されているのは、わずか一七三人でしかない。そこが返還され、跡地が有効に活用されると、おそらく現在の十数倍の雇用が確保できるのではないかと踏んでいる。

また、具志川市《ぐしかわし》（現うるま市）に「みどり町」という非常に立派な町ができている。そこは、かつて天願《てんがん》通信所と称される広大な基地であった。ところがそこでは、わずか四人しか雇用されていなかった。その大部分が七三年に返還され、天願土地区画整理事業が施行された結果、市役所や学校をはじめとする公共施設、住宅、郊外型店舗の並ぶ新しい町に変わった。今では、約三〇〇〇人の雇用も確保されている(46)。

その他に、大手デパートをはじめ郊外型店舗、住宅の並ぶ那覇市の小禄《おろく》・金城《かなぐすく》地区(47)（もと那覇空軍海軍補助施設）、玉城《たまぐすく》村のゴルフ場（もと米軍の知念《ちねん》補給基地）など、具体的な例をあげると、基地の撤去によってより大きな利益を生んでいる地域がいくつもある。

辺野古沿岸域決定のからくり

こうしてみると、普天間基地の代替施設を辺野古に移設するのは、大いに問題含みの計画だが、一九九九年六月のケルン・サミット後、クリントン米大統領が、沖縄サミット以前に、普天間基地問題の決着が付かなければ、サミットには行きたくないという趣旨の発言をしたことが報じられた。日本政府高官はこれを「アメリカのいらだちが表れた発言」と受け止めたという。それ以来、日米両政府による沖縄県への公式、非公式の圧力は強まる一方となった。「琉球新報」社の松元剛《まつもとつよし》記者によると、政府は、米軍が最善と考えているキャンプ・シュワブ地区への移設と九九年内の受諾を迫るための複数のシナリオを描いて、県や名護市に提示したという。漏れ聞くところによると、稲嶺知事の有力ブレーンの一人も、「普天間移設を促進させないと、県政が停滞してしまう」と、警告したという。

そんな背景から「沖縄復興のための二人三脚」という政府首脳のかけ声の下、政府との蜜月関係を演じてきた知事は、もはや政府の意思に反することはできないかのように、いつの間にか、政府主導の計画を「沖縄県側の主体的意思を政府が受け止める」という形にすり替えてしまった。しかも、九七年一二月の名護市の市民投票における「基地建設はノー」という明白な市民意思をも裏切ってしまった。

それが、九九年一一月二二日の「キャンプ・シュワブ水域内名護市辺野古沿岸域」を移設地として選択したという発表になって明らかとなったのである。

政府が、沖縄サミット前の混乱を避けるために、住民生活に影響を及ぼす代替施設の規模、工法など、本来は真っ先に確定しなければならない重要案件の決定を先送りしたことは前にもふれたとおりである。

稲嶺知事は、「私の決断は、沖縄が当事者能力を発揮する主役であることを内外にアピールするものだ。沖縄が自らの意志と責任を示すことによって、基地問題解決に向けた新たな将来展望を切り拓くものだ」と、あくまで自らの意思で重大な決断を下したことを強調してみせた。が、多くの資料は、それが真実でないことを明示している。

翌一二月一六日にようやく公開された県の移設先の選定経過を示した資料では、最初の候補地にのぼったのは七ヵ所だったとされている。が、その比較表や優先順位を記した資料は発表されずじまいだった。このためマスコミは、「透明度ゼロ、県民不在の選定作業に、政府から急がされた県の姿がくっきりと現れていた」と報じた。

知事による候補地発表直前の一一月一九日、「沖縄政策協議会」が開かれた。政府は、沖縄県が普天間飛行場の代替施設の県内移設に応じるなら、沖縄本島北部の振興策について協議する機関を設けることや、基地返還後の跡地利用対策などに全力で取り組む方針を表明した。前出の松元記者は、これによって政府が、基地と経済振興策を明確にリンクさせて、知事が最終決断を下す環境を整えたと報じている。すなわち、サミット前の決着を視野に入れると、九九年度内に名護市長が受け入れる必要があり、そのためには、この時が知事による経過説明のタイムリミットだとする、政府内の筋書きがあったことは確かだというわけである。

九八年の県知事選挙での知事の公約は、「普天間飛行場を本島北部の陸上部に軍民共用空港をつくって移設する。米軍の使用には一五年の期限を付ける」というものだった。その公約を実行に移すという大義名分の下で、県の主体的な取り組みを装ったという次第である。

しかも、松元記者は、移設候補地の選定過程のなかでは、名護市長が九九年一二月中に移設を受け入れる「年内決着」の完結に向けて、「政府が介在していた証拠がある」として、政府高官らがつくった「年内決着のシナリオ」の存在を明らかにしている。それによると、ごく少数の関係者にしか配布されなかったもののようだが、時系列的には四種類の文書が確認されており、それらに「沖縄の主体性」「北部振興策を打ち出すタイミング」「返還後の跡地利用」、そして「年内決着」の文言が使われていることから、その存在がうかがわれるとしている。つまり表向きは「ボールは県側にある」（青木幹雄《あおきみきお》官房長官）などとして、県の姿勢を見守る構えを示しながらも、水面下では働きかけを強めていた政府の意思が、これらの「シナリオ」に色濃く反映しているとのことだ。

なお、九九年五月初旬には「沖縄米軍基地問題の今後の取り進め方―オペレーション・プラン（作業計画）」と題する文書が、沖縄問題に携わる限られた人数の政府高官や自民党の有力者に「他言無用」で配られたという。

その筋書きも、やはり二〇〇〇年七月の沖縄サミットを成功させるため、普天間飛行場の移設先を年内に確定する――というものだった。すでにこの時期に、「名護市のキャンプ・シュワブを含む東海岸に移設する」と明記されていて、「名護市以外の候補地は、反対派から名護市と同じように現況調査や市民投票の実施を求められるおそれがあり、賛成多数となる見込みなし」と分析されていたようだ。

また一方では、県選出のある代議士が、九九年三月段階で、沖縄担当政府高官と「Ｓプラン」と呼ばれるシナリオを作成していたことも、松元記者によって明らかにされている。この代議士は、返還後の生活不安から普天間飛行場の返還を渋っていた県軍用地主会所属の地主たちが容認に回ったのを受けて、地元宜野湾《ぎのわん》市議会が県内移設を事実上容認する決議を採択する環境づくりに猛烈に動き、八月中にシナリオどおりの結果をもたらしたというのだ。

ところが、その頃、名護市議会の論議が、与党の内紛でうまく進捗しないのに業を煮やしたある政府高官は、県の当事者能力が欠如していると判断して、例の「オペレーション・プラン」を県首脳に突き付けた。その結果、知事は、「移設先は複数案も検討している」と答弁していたのを、数日後の一〇月一日の県議会一般質問で、突如、候補地を一つに絞り込む姿勢に転じたというのだ。

さらに、それを後押しするかのように、政府が名護市を中心とする本島北部の振興のための資金援助を決定した。その後、一〇月には、そのことを北部一二市町村の首長に説明するために、多忙な青木官房長官がわざわざ来県して、一〇年間で一〇〇〇億円の資金を投入するという具体策を披露した。ほぼ同時期に、河野洋平《こうのようへい》外相、野中広務《のなかひろむ》前官房長官、保利耕輔《ほりこうすけ》自治相らも来県した。その結果、名護市を支える北部地域の市町村長たちの賛同の気運も一気に盛り上がったという。

しかし、前にも述べたが、このことは、県の歴史が始まって以来初めて県自らが基地を誘致する代わりに振興策を講じてもらうことを要望し、両者が表裏一体のものと認めたことを示すものであった。

政府のこの「年内決着のシナリオ」のいわば総仕上げが、九九年一二月二七日に表明された岸本建男名護市長の「受け入れ」表明であった。それより先、名護市議会は、野党側の激しい抵抗を抑え、移設促進を求める決議を与党の賛成多数で可決し、岸本市長の受け入れ表明のお膳立てを整える役目を果たした。

九六年に名護市議会は二度も、基地移設に反対の決議を採択したが、振興助成金の確保に躍起となった与党議員たちは、市民投票との整合性を激しく追及する少数派の野党議員に対し、「市民投票から二年の間に、知事も交代した。国の普天間移設への取り組みも変化した」などといって、数の力で押し切ったのであった。

その結果、岸本市長は、移設を受諾する条件として、北部振興策や自然環境への配慮など、七項目を提示したうえ、米軍の使用期限を一五年にすることを求め、これらの要望が満たされない場合には、「移設容認を撤回する」こともありうる、と明言した。

だが、日本政府は、二〇〇〇年一月の瓦力《かわらつとむ》防衛庁長官とコーエン国防長官との会談の席や、二月の河野洋平外相とオルブライト国務長官による日米外相会談の中でも、一五年期限問題については、たんに言及するのみで、「地元の要請を重く受け止め、アメリカ合衆国政府との話し合いの中で取り上げる」という閣議決定事項を繰り返すにとどまった。逆に、日米防衛首脳会談で、コーエン国防長官から、一五年期限の設定問題については、公式議事録に載せないとして、暗に期限設定に対する拒否を通告されるのが落ちであった。

それゆえ、この期限問題は、およそ「非現実的」といってよい。

基地強化とオスプレイの配備

ところで、私が在任中、普天間基地の移設問題との関連で、とくに心を痛めたのは、つぎのような事実に着目したからであった。前述のとおり、国防総省の公文書に、キャンプ・シュワブ一帯に新設する基地はたんなる普天間の代替ということではなく、作戦運用面からの要求に基づき、インフラ面を二〇％強化した基地とすることが明記されている。さらに、新基地には新しい任務条件（新型垂直離着陸機ＭＶ－22オスプレイの配備）が必要とされており、そのための施設の強化も明記されている以上、これは基地機能そのものの拡大化につながることは明白である。

垂直離着陸機MV-22オスプレイ（写真提供／PANA通信社）

評論家の石川巌《いわお》氏は、「主力はオスプレイ沖縄海上施設の実態」という報告書の中で、つぎのように述べている。

「防衛庁の『普天間基地の米海兵隊のヘリをそのまま移す』という世間への説明は、態のいいごまかし文句であった。実は、二十一世紀に向けて米海兵隊を紛争に投入する主力輸送機となる垂直離着陸／普通機兼用のＭＶ－22オスプレイの初の海外展開基地になることがはっきり書かれていて、唖然としてしまった。

配備されるＭＶ－22の機数まで明らかになっており、その数は三十六機――。もちろん普天間にいるヘリも移駐してはくるけれど、ＣＨ－53Ｅ侵攻輸送ヘリ十六機。ＡＨ－１Ｗ攻撃ヘリ十八機。ＵＨ－１Ｎ汎用ヘリ九機で、配備予定数七十九機の半分近くまでが新鋭のオスプレイなのである」

「日本の防衛庁や防衛施設庁は、キャンプ・シュワブ沖に建設予定の海上基地のことを『海上ヘリポート』という名称で呼んでいるが、米軍内部文書は「海上基地施設」という呼称を使っている。英語の原文ではＳＢＦ（Sea Based Facility）である」

石川氏は、さらにこうも述べている。ＳＡＣＯの最終報告では、「（普天間の代替として）海上施設を建設し、普天間基地へのヘリ運用機能のほとんどを吸収する」となっているだけだが、注目しなければならないのは、国防総省文書と会計検査院（ＧＡＯ）報告書の双方とも、沖縄のキャンプ・シュワブ沖の海上基地施設を、次世代の米海兵隊の主力輸送機ＭＶ‐22オスプレイの前方展開拠点としてはっきり位置付けているところにある。

つまり、同機は老朽化している海兵隊の現有中型ヘリＣＨ‐46Ｅの後継で、三六〇機の調達が予定されており、初期生産機の実戦配備は二〇〇一年から始まる。一方、もし計画どおり進めば、海上基地は二〇〇七年ごろまでに完成するのだから、ＭＶ‐22の配備は米軍としては当然の流れといえるというわけだ。事実、九九年一月二一日付の「琉球新報」によれば、米軍第三海兵遠征軍の副司令官が、「現在の予定では二〇〇七年—二〇〇八年に沖縄に配備される」と述べたという。

ところが、日本政府は、オスプレイの名前さえ出すことすら躊躇する始末で、地元名護市での説明会でも、「現在の海兵航空隊のＣＨ－46や同53が、将来、ＭＶ－22に更新されるのは承知しているが、沖縄に配備されるとは認識していない」とごまかしているという。

問題は、新配備が計画されているＭＶ－22オスプレイとは、いかなる飛行機かということだ。それについては、石川氏は、これまでの海兵隊の侵攻輸送ヘリとは、速度と航続距離といった面で性格が大きく違うことを明らかにしている。この飛行機は、基本的には強襲揚陸艦に搭載するのだが、航続距離が長く、速度が速いから、海兵隊員を乗せて陸上の拠点から自力で紛争地へ飛んでいくことができ、飛行場がない場所にもヘリ方式で着陸できるという。つまり、沖縄からだと、朝鮮半島や台湾へも、強襲揚陸艦に搭載されなくても、自力展開できるものだということだ。

このような特徴を有する「最新鋭機」が、これまで一五機製造され、うち三機が墜落、すでに二六人の犠牲者を出しているとのことだが、二〇〇〇年四月八日にも、アメリカで墜落事故を起こして一九人が死亡した。このような事実を踏まえると、どうしても基地の受け入れは、否定的にならざるを得ないのではないだろうか。

この点と関連して、アメリカの軍事問題のシンクタンク、国防情報センター（ＣＤＩ）のユージン・キャロル副所長は、「（引用者注　ＭＶ22－オスプレイのような）チルトローター（引用者注　傾斜式回転翼）機は、きわめて複雑な技術で、十分な信頼性をもって機能させるには、非常に厳しい条件が要求される」「(引用者注　機体の五一%だけが金属のオスプレイの機体は) 機体全部が金属でがっしりとしたジャンボ機と比べてもぜい弱となる。この構造上の問題も検討する必要があるのでは」と問題点を具体的に指摘しているほどだ。

そのうえ、同氏は、こう付言している。

「オスプレイは大きなローターによる風圧で騒音も高く、沖縄にとって決して『よき隣人』ではありません。沖縄駐留の米軍は必要でもなく、沖縄の人が歓迎もせず、出て行ってほしいと望んでいるものであり、撤退すべきだというのが国防情報センターの立場です」(「しんぶん赤旗」二〇〇〇年四月二二日付)

私たちはこうしたの有識者の声にもっと真剣に耳を傾けるべきではないだろうか。

核と普天間代替基地

さる一九九四年五月、京都産業大学の若泉敬教授が、『他策ナカリシヲ信ゼムト欲ス』という本を書き、自らが沖縄返還の日米首脳交渉に佐藤栄作総理の特命を受けて、アメリカ政府のヘンリー・キッシンジャー国務長官との間で、「核密約」の文書作成などに取り組んだことを告白したことは、序章でもふれた。

私は、若泉教授が交渉相手としたキッシンジャー国務長官の『ホワイトハウス・イヤーズ』

（リットル・ブラウン社刊、一九七九年）という本と照合してみて、「核密約」があったことは真実と見ている。その中には、若泉教授の記述と符合する箇所が数多く散見されるからだ。

前述のニクソン・佐藤会談の共同声明の合意議事録（草案）は、「われわれの共同声明に述べてあるごとく、沖縄の施政権が実際に日本国に返還されるときまでに、沖縄からすべての核兵器を撤去することが米国政府の意図である。そして、それ以後においては、この共同声明に述べてあるごとく、米日間の相互協力及び安全保障条約、並びにこれに関連する諸取り決めが、沖縄に適用されることになる[48]」（傍点は引用者）としながらも、「極めて重大な緊急事態が生じた時には」核兵器の配備の必要がある、と述べているのだ。

この「密約」は、沖縄の人びとにとっては、到底黙過できない内容を含んでいる。というのは、それへの対応いかんによっては、一三〇余万人の生身の人間の将来の幸・不幸がかかっているからだ。この議事録の末尾には、日米両首脳は、この合意議事録を二通作成し、一通ずつ大統領官邸と総理大臣官邸にのみ保管し、かつ、米合衆国大統領と日本国総理大臣との間でのみ最大の注意をもって、極秘裏に取り扱うべきものとする、という点について合意したとある。そしてニクソン大統領のR・Nと佐藤総理のE・Sのイニシャルが記されている[49]。極秘扱いは徹底した念の入れようだ。

おそらく、若泉教授も自らが果たした役割のあまりにも重大なことに、後になってから気付いたのではないだろうか。教授は、同書冒頭の謝辞の中で、こう書き留めている。

「顧みるまでもなく、私の責任は重い。

その重みは常に私の深層心理を支配してきた。『沖縄慰霊の日』(六月二十三日)などふと夜半に眼を醒まし、その他の同胞《はらから》とそこに眠る無数の英魂を想い、鋭利な刃で五体を剔《えぐ》られるような気持に襲われたことすら一再ならずあった。それは、多分に運命のなせる業とはいえ、国家の外交の枢機に与《あずか》ってしまった私が歴史に対して負わなければならない『結果責任』である」

ともあれ、「この密約」によって、計りしれないほどの影響を受ける、肝心の当事者である沖縄の人びとの意向を聞くこともせず、このような重大な問題が、日米両政府首脳だけで、一方的にかつ極秘裏に決められたわけだ。だとすれば、沖縄の人びとの運命は、まさしく得体のしれない「闇の手」に握られていることになろう。果たしてこれが民主主義国家間の条約といえるのか、理解に苦しむ。

沖縄基地の核をめぐる密約問題については、国会でも繰り返し疑問が提起された。二〇〇〇年四月一四日付の日本共産党の機関紙「しんぶん赤旗」は、「核兵器を積んだ米軍の艦船・航空機の日本への立ち入り・飛来(エントリー)を『事前協議』の対象としない」ということが、「一九六〇年の日米安保条約改定時に日米両政府間で合意された日本への核持ち込みにかんする秘密取り決めの全文」で明らかになったと報じた（傍点は引用者）。

すなわち、六〇年一月六日に日米両国の代表によって署名された秘密協定で、「事前協議」は、合衆国軍隊とその装備の日本への配置、合衆国軍用機の飛来（エントリー）や、合衆国艦船の日本領海や港湾への立ち入り（エントリー）に関する、現行の手続きに影響を与えるものとは解されない、という協定が結ばれたというのだ。

ここでその内容についてくわしく述べることはできないが、この秘密取り決めは、旧安保条約下の五〇年代から米国によって「慣行」とされてきた、核兵器を積んだ米艦船・航空機の日本への立ち寄り・通過を、改定後の安保条約で「事前協議」の対象にしないことを明確にしたものだという。

この「討論記録」は、同じ一月六日、マッカーサー駐日米大使と藤山愛一郎《ふじやまあいいちろう》外相が、「二つの英文の原本に頭文字だけ署名し、取り交わした」三つの文書のうちの一つに当たるようだが、重要なのは、沖縄基地との関連である。ちなみに、この「討論記録」は、六六年、沖縄の施政権返還に備えて、米国務省の担当者と国防総省の国際安全保障担当者とが共同して作成した、「日本と琉球諸島における合衆国の基地権の比較」と題した報告書に記載されているものだからである。

この核密約の「討論記録」を暴露した日本共産党の不破哲三《ふわてつぞう》委員長は、二〇〇〇年四月一九日、衆議院第一委員会室で行われた党首討論で森喜朗《よしろう》総理に真相をただしたが、森総理は「（密約が）存在しないと判断した」「歴代総理、外相がのべたように、『事前協議』にかんする日米間の取り決めは『岸・ハーター交換公文』と『藤山・マッカーサー口頭了解』だけで、いかなる密約も存在せず、改めて調査する考えはない」旨、明言している。

核の問題は今や、全世界、全人類の死命を決する最大かつ緊急な課題である。すでに、オーバーキルといわれるほど、人類を二度も三度も殺す量の核が存在していることは、周知のとおり。しかも現存する全世界の核弾頭の九七％は米・ロ二国が保有しているにもかかわらず、米国は全世界が求める包括的核実験禁止条約（ＣＴＢＴ）への批准もしていない。沖縄基地は、まさにその米国の核戦略の一端を担うものと見られているのだ。それにより、キャンプ・シュワブ周辺に海兵隊の陸・海・空部隊を一体化して集中せしめ、核弾頭の輸送能力を拡大する構想が生まれ、「普天間代替基地の新設」という形で表面化したというわけである。しかも、そこに、ゼネコン等の利権がからみあい複雑な様相を呈しているのが実情である。

こうしてみると、普天間飛行場の代替施設の移設予定地、すなわち、キャンプ・シュワブ一帯の問題は、ひとり辺野古集落や名護市、沖縄県だけの問題ではなく、実は日本全体の問題でもあることは、今さらいうまでもない。なぜなら、それは、政府が一番重要視しているという国防問題にじかに関わる問題だからである。

だからこそ、基地の移設問題を、戦略意図についてさえあいまいなまま促進すれば、取り返しがつかぬおそれがあることを、私たちは、県民・国民みんなで考える必要がある。

終章

「ムヌ　クイシドゥ　ワー　ウシュ」とは

沖縄には古くから「物呉ゆ者《ムヌクイシ》どぅ我御主《ワーウシュ》」ということわざがある。沖縄タイムス社刊の『沖縄大百科事典』下巻によると、〈物をくれる人が自分の主人である〉という意味とある。執筆者のあしみね・えいいち氏によると、一四六九年、第一尚《しょう》氏王統から第二尚氏王統への政権交代の時、安里大親《アサトウヌヒヤー》が、〈虎ぬ子や虎、悪王ぬ子や悪王、物くいしどぅ我御主〉と唱え、内間《うちま》金丸《かなまる》（尚円《しょうえん》）が国王になったという。

彼は、さらにこれを敷衍《ふえん》していう。自分に食べ物を与えてくれる者を主人として仰ぐことは、権力追従主義、事大主義に通じるとされ、沖縄的心情批判の例としてしばしば取り上げられたことわざであるが、〈物をくれる人〉とは、むしろ民政の安定に心を配る主権者の意であり、古代中国の放伐《ほうばつ》（徳を失った君主を追放すること）という、一種の民主革命の肯定と解釈される。沖永良部島《おきのえらぶ》では〈食《カ》ましゅしど我が御主〉という、と。

たしかにこの古来のことわざは、時によって、また人によって、肯定的に解する場合もあれば否定的に捉える場合もある。それどころか、伊波普猷《いはふゆう》のような琉球史の大家でさえ、肯定的に捉える一方で、否定的に解している時もあって必ずしも一定していない。

伊波普猷は、このことわざについて「わが沖縄の歴史」[50]という論考の中で、ＡＢ二人の人物を登場させて、つぎのように語らせている。

「A　……沖縄という所は所謂《いわゆる》「枯れ国」（引用者注　資源の乏しい貧乏な国）ですから、農政に力を用うるということが、国王たる資格の一になっていました。ところが至って貧弱な国柄のことで、農業ばかりでは到底食っていけないから、自然外国貿易をやらなければならないようになっていました。こういうようなことをして、人民の生活を豊富にしてくれる国王のことを、昔は「にがようあまようなすきみ」といっていました。これは世並《よなみ》の凶《あ》しきを吉《よ》きにかえす君ということで、『おもろさうし』の中にある言葉です。「食呉ゆ者ど我が御主」という俚諺《りげん》と殆《ほとん》ど同じ意味の言葉ではありますまいか。

B　そうすると、あなたは「食呉ゆ者ど我が御主」という俚諺をいゝ意味に解されるのですか。

A　そうです。この俚諺は今日（引用者注　大正一〇年代）では事大主義的の悪い意味に使われていますが、「背に腹はかえられぬ」という日本の俚諺と同じ意味のもので、沖縄史の真相を解しない人にはわかりにくいかも知れません」（現代仮名遣いに改めて引用）

よりよく生きたいと願う心

ところが、伊波は、別の「食呉ゆ者ど我が御主の真意義」(51)という論考では、この俚諺ほど曲解されたものはない、この俚諺は、現今の沖縄（大正四年頃）では、極端な事大主義者の套語《モットー》になっているが、初めてこれをいい出した人は、どういう心持ちでいい出したのであろう、と反問し、つぎのような内容を述べている。

琉球国初代の王舜天《しゆんてん》の孫の義本《ぎほん》が即位した翌年（一二五〇年）に琉球では大飢饉があり、さらにその翌年、疫病が流行して人民が半ば死んだので、人々は神意をなだめるために、祭壇を設けて義本を犠牲に供することにした。ところが急に雨が降って火が消え、義本は助かった。しかし彼は、人びとの主君になる資格がないということを自覚して、数年の後、王位を英祖《えいそ》に譲って自らは行方をくらました。

英祖はもと浦添《うらそえ》の豪農で、農政にくわしい人であった。彼が君臨すると間もなく、沖縄は黄金時代を迎え、人民の生活は豊かになり、世は平和と安楽の時代となる。

ところが、彼の四代後の一三一四年に即位した玉城《たまぐすく》王は暗愚。長い間の安楽と平和の結果、人口が多くなり、人びとの間に対立や衝突が生じ、やがて三山《さんざん》時代と称される同胞相食む戦乱の時代となる。その結果、属島の貢船なども後を絶ち、せっかく発達した交通貿易も頓挫するにいたった。あげく玉城王の子西威《せいい》の時になり、南北の二山による強い圧力もあって、中山《ちゆうざん》の国政は衰退し、民心は当時最も徳望のあった浦添の察度《さつと》に帰した。

察度は、日本の商船が鉄塊を積んで牧港《まきみなと》に寄港すると、鉄塊をすべて買い取って農具をつくって農民に与えたといわれている。こうして彼は、次第に人望を得て、ついに推されて中山王となる。

察度は、一三五〇年に即位すると、すかさず積年の弊政《へいせい》を一掃して、国内は大いに治まったという。それから程なくして明《みん》の皇帝の来諭に応じて、経済上の思惑から初めて明と交易するようになった。すると南北の二王国も、中山に倣《なら》って明朝と交易するようになり、好戦的だった琉球人は平和を好むようになった。この機運に乗じて尚巴志《しょうはし》が、佐敷《さしき》の山中から決起して三山を統一したのだった。

伊波によると、尚巴志にも察度王のように平和的なところがあって、外国の船が鉄塊を積んで与那原《よなばる》港に入港すると、自分の保有していた名剣を売って、鉄塊を買い取り、これで農民たちに農具を造らせたので農民たちが心服するようになったという。こうした点から、彼が同胞の生活を向上させることに配慮していたことがわかるというわけだが、事実、彼は三山を統一すると間もなく、使いを明帝と室町将軍とに遣わし、また南洋や朝鮮との間でも交易を盛んにした。その結果、この時代は、琉球にとって精神的にも物質的にも最も幸福な時代であったであろう、と伊波は推測している。

しかし、尚巴志の死後間もなくして、王朝は、一大激動期を迎える。一四五八年には、「護《ご》佐丸《さまる》の乱」「阿麻和利《あまわり》の乱」と称される戦乱があいついで起こった。

それというのも、尚巴志の子孫が政策を誤り、常に被征服者を蔑視し、あらゆる方法をもって奴隷化したからだという。つまり、被征服者は、仕方なしに服従はするけれども、征服者の武力以外の一切のものを認めようとはしない。つまり心服はしていない。したがって征服者が真に被征服者を征服してしまうためには、さまざまな社会の制度が必要というわけだ。

しかるに尚巴志の子孫は、あらゆる反逆的行為に対して、絶えず兵力を用いて苛酷に弾圧した。しかし武力による弾圧は、彼ら自身に多くの困難をもたらしたほか、費用面でも一大負担をかける結果となった。その結果、尚巴志の死後わずか一五年間に四回も国王が代わったあげく、王位継承をめぐって内乱が起こり、ついに一四六九年に「世替《よがわ》り（革命）」を生む結果となる。要するに尚巴志の子孫は、比類なき武力を誇ったが、経済的基盤が弱く、しかも被征服者をうまく同化することもできずに、勃興してからわずか四〇余年、七代目尚徳《しようとく》の代で滅亡したのである。

こうして伊波は、かつて「つきしろの守り勢高《セダカ》さの真物《マモン》美影《ミカゲ》照り渡《ワタリ》て国や丸む」と偉大な気風を謳《うた》われた尚巴志の尚武的な王朝が、「食呉ゆ者ど我が御主」という安里の大親の「世謡《ユウーテー》」を合図にたやすく顚覆《てんぷく》されてしまった、と解説している。

このような歴史的背景から、伊波普猷は、世に沖縄ほど食物の欠乏を感じてこれを与えうる治者を憧憬したところは少なかろう、といい、こういう人民が尚徳王のような好戦的な「よのぬし」（国王）に愛想をつかして、世替りを希望したのは無理もない。口碑によれば、この時安里の大親が、この章の冒頭にあげたように「食呉ゆ者ど我が御主」と謳って、内間御鎖《ウザス》の金丸を国王に推したということだが、このことわざは、彼が初めていい出したのか、それとも以前からあった俚諺を借りて使ったのか、その辺のところはよくわからない、という。

さらに伊波は、この世替りを当時の時代精神の発露と見れば間違いないといい、「より善く生きたい」と願う沖縄人の苦しい叫びだと思ったら間違いない、だからこの俚諺は、琉球史の背景を離れて批評されるべきものではない、と語っている。

尚円王（金丸）は、二七歳の時、伊是名《いぜな》島から首里《しゅり》にやってきて尚泰久《しょうたいきゅう》王の家臣になった。尚泰久は、沖縄の統一を成し遂げた尚巴志の末の子で、有名な「万国津梁《ばんこくしんりょう》の鐘」の銘にその偉業が称賛されている。金丸は、尚泰久王が即位すると、抜擢されて御物城御鎖之側《オモノグスクオサスノソバ》という外国貿易や財政を管理する重要な地位につき、そのすぐれた才能を発揮した。

しかし、尚泰久の死後、その息子で二〇歳になったばかりの尚徳が王位につくようになって彼の運命は変わった。尚徳は、才気もあり勇気もあった。が、彼は自分の権威に反対する者に対しては、情け容赦もなく厳罰に処した。尚徳王は、一四六六年に奄美大島諸島の鬼界《きかい》島（喜界島）が朝貢を怠ったとして、自ら二〇〇〇人の兵を率いて討伐に打って出たりした。しかしこの遠征で、人民や家臣たちに大きな経済的負担をかけた結果、いつしか人心は彼から離れていく。一四六九年、王は二九歳の若さで急死した。

金丸は、いくどとなく尚徳に諫言したようだが、聞き入れられないどころか、逆に排斥されたので、やむなく彼は、自分の領地の内間（現在の西原《にしはら》町内間）に戻って隠棲していた。

伊波は、金丸の隠遁には、多くの秘密がかくされている、といいながらも、その秘密の中身についてはふれていない。しかし、彼は、当時の平和思想は、ここを中心として全沖縄に漲《みなぎ》り、三六島はおのずから彼の前に転っていったとして、こうしたことは、それまでの沖縄の歴史になかった新現象だと語っている。ちなみに金丸は、世替り時の一大混乱を収拾するために、「時勢という母が生み出した政治的天才」で、徳川家康《とくがわいえやす》のような人物ともいわれる。にもかかわらず、伊波によると、尚円王の政治思想は、はっきりわかっていないので、彼の子の尚真《しょうしん》王によって実行された政策を見るほかはないという。

尚真王は、旧式の統治法を改め、新しい制度による統治法を用いて中央集権をなしとげ、被征服者たる三山の遺民たちを同化するのに成功したといわれている。その結果、沖縄史の趨勢は、一変しただけでなく、折から繁殖力の強い芋《いも》が移植されたこともあって、琉球の政治経済は、かつてなく安定し、世替りもなくなった、というわけだ。

「銭どぅ宝」から「命どぅ宝」へ

伊波普猷は、また広く知られた「沖縄人の最大欠点[52]」という論考の中で、沖縄人の意識と生き方における最大欠点として「事大主義」と「忘恩主義」をあげ、これは百年来の境遇がしからしめたのであろう、とつぎのように論じている。
「沖縄に於《おい》ては古来主権者の更迭が頻繁であった為に、生存せんがためには一日も早く旧主人の恩を忘れて新主人の徳を頌《しょう》するのが気がきいているという事になったのである」。これに加えて、久しく日本と大陸にある大国に挟まれた存在だったので、「自然二股膏薬《ふたまたこうやく》主義を取らなければならないようになったのである。『上《アガ》り日《ティダ》ど拝《オガ》みゆる、下《サガ》り日《ティダ》や拝《オガ》まぬ（引用者注　勢いの増す者は拝むが、勢いを失っていく者は拝まない）』という沖縄の俚諺は能《よ》くこの辺の消息をもたらしている」。

実際に沖縄人にとっては、沖縄で誰が君臨しようと、大陸の大国で誰が権力を持とうとかまわなかったのである。

伊波説によると、明、清の代わり目に当たって、沖縄の使節が大陸を訪れた時、清帝と明帝とに奉《たてまつ》る上奏文を二通持参していったという。つまり、沖縄の使節は、普段でもこのような場合、琉球国王の印を押した白紙を用意していて、いざ鎌倉という時に、どちらにも融通のきくようにしていたのである。この印を押した白紙のことを空道《コウドウ》という。

要するに、「食呉ゆ者ど我が御主」ということわざも、こういう事大主義的発想からきたのであろうといい、「沖縄人は生存せんがためには、いや〳〵ながら娼妓主義を奉じなければならなかったのである。実にこういう存在こそは悲惨なる存在というべきものであろう。この御都合主義はいつしか沖縄人の第二の天性となって深くその潜在意識に潜んでいる」と述べている（現代仮名遣いに改めて引用）。

以上のような文意からすると、伊波は、前引のことわざを否定的に、つまり事大主義的生き方を象徴するものと解しているといわざるを得ない。

私自身も、このいい伝えをどちらかといえば、事大主義の表れとして否定的に解している。なぜなら、最近の「命《ヌチ》ど《ド》ぅ宝《ウタカラ》」から「銭《ジン》ど《ド》ぅ宝《ウタカラ》」へ移行しつつある風潮が、まさしく事大主義的生き方を如実に示していると思われるからだ。

もしも、たんに衣食住を与えてくれる人こそが主人だということになると、戦後、復帰以前は米軍司令官が「我が御主」だったということになりかねない。なぜなら彼らこそが、衣食住を無償で配給してくれただけでなく、最高の権力者でもあったからだ。また復帰後は、政府の財政投融資が多くなっているので、政府こそが「我が御主」ということになる。だとすると、憲法の「地方自治」の規定を持ち出すまでもなく、地方分権時代の今日、それもおかしい。したがって肯定的に解するか、否定的に捉えるかの決め手は、民政の安定を図るというありようと中身が問題となろう。

つまり、衣食の付与それ自体が、真に民政を安定させる目的からするならばよい。だが、何か別の大きな目的を達成するための、いわば手段（餌）として衣食が付与されるのであれば、その付与者は、本当の意味での「我が御主」とはなり得ないのではないか。いくら大量の物質的恩恵を与えられても、それが何よりも民政の安定自体を目的にしたものでなければ問題だし、しかも民政の安定という時、食物をくれるだけでは十分でなく、何物にも替えがたい命を大切にし、平和で誰もが安心して暮らせるような世の中をつくろうとするのでなければ、意味がないからだ。

沖縄の望ましいあり方

国際関係学者で元津田塾大学教授のダグラス・C・ラミス氏もいうように、軍事同盟の強化と武力の行使では、真の平和が生まれるとは思えない。ましてや、民政の安定はあり得ない。どんな紛争も、武力によらず対話と交渉を通じた平和的解決を図ることが何より重要だ。武力の行使は、より大きな武力による反撃を招くだけだ。したがって、武力は際限なく広がっていき、ますます強化される一方だからである。

いきおい、国の大小とか力の強弱を問わず、また政治体制の違いを超えて、平和と安全、軍縮と共生を目指し、多国間の人間の総合的安全を生み出すための確実な平和保障システムをつくっていくことが、何よりも必要となる。

それは、たんに基地のある沖縄に住まわざるを得ない人たちだけでなく、アジア・太平洋地域に生きるすべての国の人びとにとって、二一世紀をより明るいものへと切り拓いていくうえでの共通の課題でもあるといえる。

一九九六年四月一七日、アメリカのビル・クリントン大統領と日本の橋本龍太郎総理は、「日米安全保障共同宣言―二一世紀に向けての同盟―」を発表した。これによって日米安全保障条約が再定義され、それに基づいて、九七年には「新ガイドライン」が議会を通過、九九年には新ガイドラインに対応する「周辺事態安全確保法」(俗に「戦争協力法」と称される)がつくられた。その後、「通信傍受法」(盗聴法)をはじめ、「住民基本台帳法改正」(国民総背番号制)、さらには日の丸・君が代の「国旗・国歌法」が制定されたうえ、初めて国会に憲法調査会まで設立されて、早くも改憲に向けて活発に議論が始まっている。

折しも戦無派世代の増加に伴い、ある全国紙の世論調査の結果によると、憲法改正に賛成する者が六割を占めているという。そのような流れの中で、つぎに来るのが、有事法の制定と教育基本法の改悪だと危惧されている。

こうした状況下で、米国と日本は、安保条約という、いわば二国間の軍事同盟を拡大・強化することによって、〈武力による平和〉を指向しているのだ。前述の各種の法制化も、いわばその布石にすぎない。また日米両政府による沖縄の基地移設問題の動きも、まさにその一環にほかならない。

だからこそ私は、国家を中心とした二国間の軍事同盟的な安全保障政策を改めて、一人ひとりの人間を中心とした多国間による総合的な安全保障の枠組みをつくり、最初にアジア・太平洋地域の国々の相互信頼を醸成することから着手し、ついで非核・軍縮、紛争の平和的解決に寄与することによって、新しい明るい未来を切り拓きたいと努めてきた。

私が、具体的に「基地返還アクション・プログラム」を策定し、二〇一五年を目途に「基地のない平和な沖縄」の創造を目指したのも、まさにそのためだった。同時に国際都市形成構想の実現を図るとともに、また県政の基本に「平和・共生・自立」という三本柱を据えたのも、それこそが沖縄の望ましいあり方であり、「あるべき姿」と判断したからであった。

こういうと、すぐに非現実的とか理想論などという者がいるが、およそ一国や地方自治体の政治・行政をなすうえで、何らの理念も理想も持ち得ないとすれば、行く先は、滅亡しかないことは、戦時中のことを考えてみるだけで明らかだ。

戦前、軍部の圧力に負け、政党が解散させられていくのを目の当たりにしながら、それが現実だからやむを得ないと自己弁解し、ずるずると妥協に妥協を重ねた結果は、破滅への道ではなかったのか。

現実論の信奉者たちは、そのことに無知か未経験、さもなくば意図的に忘れ去ったにちがいない。現実追従の結果、県民が被った物心両面での傷はあまりにも甚大で、今も一人ひとりの胸に残っていて、いつまでも癒えることはないのだ。それだけに現代のリーダーの条件の一つは、経済力や物理的な力では抑えることのできない、豊かな精神や理想主義を人びとと分かち合えるような資質ではないだろうか。

そうでなければ、いたずらに金銭的欲望や自らの出世主義に目が眩み、御都合主義に陥ってしまう。伊波普猷は、前引の「沖縄人の最大欠点」という論考で、こう語っている。

「世にこういう種類の人程恐ろしい者はない、彼等は自分等の利益のためには友を売る、師も売る、場合によっては国も売る。こういう所に志士の出ないのは無理もない。沖縄の近代史に赤穂義士的の記事の一頁だに見えない理由もそれで能くわかる」

つまり、御都合主義と忘恩主義、いい替えると事大主義こそが最大欠点というわけである。なるほど、伊波の観点に立てば、今日、どこもかしこも、そういうあさましい人たちが一杯だということになろうか。

誇りと勇気を失うな

ここで、最後に一言しておきたいことがある。

私が知事に就任してから一年近く経って、コラソン・アキノ大統領が率いるフィリピン政府上院は、米軍基地の存在が同国の国家主権そのものを侵していると結論付け、議長の持ったった一票の差で在比米軍基地の撤去を決定、一九九二年一一月二四日にそれを実現させたことである。上院議員の数は、二三人で、採決は、賛否両論が一一対一一の同数。そこでホビト・サロンガ議長が基地存続を求めた条約議案に対し、「賛成十一対反対十一。私の反対票をふくめて、条約は敗れた」と宣言、基地の撤去が最終的に決定したのである。

私は、その後、スービック基地跡地を視察してみた。基地が撤去される前は、基地の周辺には、沖縄同様に多くのバーやクラブが立ち並んでいたようだ。そこで働く女性たちは、米兵たちから欲望の対象とされ、ここでもまた沖縄と同じように、レイプ、強盗、殺人事件などが頻発したという。そして、現地女性と米兵たちとの間に生まれた多数の子どもたちは、置き去りにされたままだ。

その際、私は、副大統領のジョセフ・エストラーダ氏（現大統領）にインタビューした。そして、フィリピンは、経済的に厳しくなることを予想しながらよく基地の撤去を決定しましたね、とお聞きしたところ、同氏は、「経済を発展させることは、今後自分たちで努力していけば可能だ。基地が撤去されたお蔭で、われわれは、主権国家の誇りを取り戻すことができた。それが何よりも嬉しい」といわれた。私は、この一言に強く胸をうたれざるを得なかった。

フィリピンの経済といえば、基地返還前の九一年の成長率はマイナス〇・六％だった。それが翌九二年には、〇・三％、九三年には二・一％に増え、九四年は四・三％となり、対米輸出額でも、九五年には撤去時に比べ四割も伸びて着実に成長を続けている(53)。しかも雇用面でも撤去前よりも増えていると、以前に沖縄を訪れたラモス前大統領は、語っておられた。

私がスービック基地跡地を視察して一番感動したのは、米軍のトタン葺のがさつなつくりの弾薬庫跡の建物に、九〇〇台ほどの中古のミシンを備え付けて、地元の十代位の若い女性たちが高級服を縫っているのを目撃したことだった。製品は、すべてロンドンとニューヨークの高級服店の特注ということであった。こういうありようこそが、私たちが何よりも求めていたことである。すなわち、いわゆる「反戦地主」たちが常に口にするように、先祖が残してくれたかけがえのない大事な土地は、戦争と人間の殺戮に結び付く基地に使わせるのでなく、人間の幸せに結び付く「生産の場」にしたいということに通じるのだ。生涯を基地に頼ったまま終えるのは、あまりにもさびしく、人生をまともに生きているとは、いえないのではないか。

人間の幸せに結び付く生き方は、「花」という作品で世界的にその名を知られるようになった歌手の喜納昌吉《きなしょうきち》さんが、「すべての武器を楽器に」といった名コピーを唱導したのと同じ意味だし、それはまた反戦地主たちの心からなる叫びでもある。反戦地主の一人、島袋善裕《しまぶくぜんゆう》さんは、つぎのように語っている。

「戦争につながることは、最初の火の小さいうちに消し止めなければと思います。あの時、沖縄の人たちが、日本の人たちが戦争に反対していれば、ああした悲劇は起きなかったのだと思うんです。我々は、考えてみると、口では『革新』とか『戦争反対』とか言っているけれども、どこかで戦争を支えるような行動をしているのではないか。沖縄の県民を苦しめ、本土の人たちを苦しめているものとして、日米安保条約があると思う。日米安保条約というものは、ただ紙に書かれた条文なのではなく、（引用者注　基地周辺の人びとにとっては）弾が降り、人間が降り、Ｂ52の破片が降り、爆音が降ってくるものなんです。我々は、安保条約の荷車を押していないのか。大砲を積んだ、安保条約の荷車を押すのを止め、安保条約に風穴を開けていかなければなりません(54)」

まさに胸にひびく言葉ではないだろうか。

現県政は、私たちと違って、安保条約を容認する立場をとっている。それでいて、基地の整理・縮小を図るとか、沖縄から世界に「平和を発信する」などと公言してはばからない。その「平和」という言葉は、私たちのいう「平和」とは、まるで違うのは事実だ。しかも、彼らは、何らの根拠も示さず、米軍の兵力削減や県外への移動は、「非現実的」で「理想論」でしかないと非難して止まないのだ。しかも「解釈ではなく解決だ」と臆面もなくいう。彼らはいったい何を解決しようとしているのだろうか。

沖縄の米軍基地が、安保条約と日米地位協定に基づいて置かれていることは常識であるはず。

安保を堅持する、といいながら、基地の縮小を図るというのは、論理矛盾もいいところだ。普《ふ》天間《てんま》基地の代替海上基地を受け入れ、「一五年後に返させる」というのは、子供だましの主張でしかない。仮に一五年後に返させる、と要望したとしても、安保を容認するのであれば、すべからく日米両政府と協力して基地の強化・恒久化を図るべきだと、軽くいなされるのが落ちだろう。このような矛盾だらけの発想だからこそ、「平和祈念資料館」の展示内容を換えて平気なのだろう。

ともあれ、フィリピン国民にとって、基地撤去が実現した日こそが、「真の独立の日」だったという。

この日から一年後の九二年九月一六日に、フィリピン大学で条約拒否一周年の集会が開かれた。そこでサロンガ議長は、つぎのような演説をしている。

「採決の前日、私の親友が電話してきて、こう言った。『ジョビイ（注、サロンガ氏の愛称）、君の二人の支援者が、採決では保留するよう求めている。君の票はもはや必要ではないのだ。上院議員の三分の二にあたる十六票を獲得できないから、条約はすでに批准されない』。それは事実だった。（議長として態度を保留し）『十一対十一で、批准に必要な十六票にたっしない。条約は否決された』と言うこともできた。しかし、私にはできなかった。そんなことをすれば、今後、鏡に自分の姿を映したときに、私は自分自身の姿を見られなくなってしまうかもしれない」

サロンガ議長は、さらに採決当日に行った自らの演説の一節を引用している。

「条約にたいする私の非妥協的な態度が、私が大統領になるチャンスをそこなうかもしれない、と友人たちが善意で警告してくれた。しかし、私は答えた。そんなことは重要なことではない。重大な危機の時代には、わが（民族の）殉教者や英雄たちは、国民の自由のために命を投げ出したではないか。かれらの命の価値にくらべれば、地位などに何の重要性があるだろうか。私は生涯に二度、死の谷（注、日本軍による投獄と、マルコス政権下でおきた爆破事件）を歩いた。人生で地位や肩書は問題ではない。本当に重要なのは、政府内の地位があろうとなかろうと、国民に真につくすことなのだ(55)」

これに比べ、わが方の議会はどうなのか。当初、普天間基地の県内移設は、「基地の固定化・強化につながる」といって、真っ向から反対の決議をしたにもかかわらず、眼前に振興資金をちらつかされると、選挙民から何ら意見も聞かないまま、身勝手に多数を頼んで県内移設に「賛成」の決議を採択する醜態を演じてはばからないのだ。こんな議員たちは、フィリピンのサロンガ上院議長の知性の一片でも学ぶ必要があろう。

政治学者の丸山真男《まるやままさお》氏は、その著書『戦中と戦後の間』の中で、こう語っている。

「ファシズムというと、もっぱらドイツのナチスやイタリーのファッショのようなもの、あるいは日本で言えば、戦争までの右翼や東条のような勢力ないしはイデオロギーだという考え方が一般には非常に強い。……もうファシズムというのは過去の問題にすぎないとか……ともかく議会があって政党が対立している限りは、ファッショなんてまだまだ縁遠い話だというような呑気な気持ちにどうしても陥ってしまう」(56)(現代仮名遣いに改めて引用)

まさに呑気であってはならないのだ。

私たちは、いかなる意味でも、わが沖縄を、そして日本を、現代の大小さまざまなファッショ的利権屋たちの手に売り渡してはならない。それには、現実に県民が直面している重大な基地問題の内実を直視し、一人ひとりが勇気をもって立ち上がり、行動を起こす必要がある。

戯曲『ファウスト』で有名なドイツの文豪ゲーテは、こんな言葉を残している。

「財貨を失うこと、それはまた働いて蓄えればいい。名誉を失うこと、それはばん回すれば、世の人は見直してくれるであろう。勇気を失うこと、それはこの世に生まれてこなかった方がよかったであろう」

何も恐れることは、ないのだ。

註

［序章］

1 柳田国男「南島研究の現状」『定本柳田国男集』第二五巻、筑摩書房、一九六四年、一五九～一八一頁

2 大田昌秀『沖縄人とは何か』グリーンライフ、一九八〇年、一八六～九頁。

3 伊波普猷「序に代へて」喜舎場朝賢『琉球見聞録』至言社、一九七七年収録。

4 この場合は、沖縄県内居住者と海外居住者との経済取引によって得られた収入を、対外収支受け取りという。物品の輸出による収入、海外からの旅行者の消費や基地収入などの貿易外の収入、投資などの資本取引による収入が含まれる。

5 南方同胞援護会編『追補版　沖縄問題基本資料集』南方同胞援護会、一九七二年、五三七頁。

6 若泉敬『他策ナカリシヲ信ゼムト欲ス』文藝春秋、一九九四年、四一八頁。

7 防衛庁防衛研修所戦史室『沖縄方面陸軍作戦』朝雲新聞社、一九六八年、一一三～一一七頁。

8 山里永吉作の戯曲『首里城明渡し』の中の尚泰王の台詞。

9 日本側が外務大臣と防衛庁長官、アメリカ側が国防長官と国務長官の四名による、安全保障に関する協議会。このため、2プラス2とも呼ばれている。

10 米国国防総省が発表したアジア・太平洋地域の安全保障に関する戦略方針を示すもので、作成者のジョセフ・ナイ米国防次官補の名前をとって「ナイ・リポート（報告書）」ともいう。

11 一九九七年九月二四日に日米両政府が合意した新たな日米防衛協力の指針。日本有事や周辺有事に限らず、安全保障の面でも日米両国の幅広い協力関係が盛り込まれている。「日米同盟関係の枠組み」の中で合意されたといわれているが、旧指針（一九七八年）に比べ、安保条約の枠組みにおさまらない内容が多く、対米協力にどこまで歯止めをかけるか、法的根拠が不明になった。

12 日本国内の米軍用地は、日米安保条約に基づいて、国が地主から土地を借り上げたうえで、米軍に提供することになっている。この契約を拒否した地主の土地は、駐留軍用地特別措置法に基づき、都道府県収用員会の裁決を経たうえで、国が強制的に収用できる。裁決申請に必要な土地・物件調書への署名を地主が拒否した場合、市町村長が代理署名することになっているが、市町村長がこれを拒否した場合には、知事が代理署名するよう定められている。

13 国際的に著名な平和学者。元オスロ国際平和研究所所長（創立者）。現ヨーロッパ平和大学教授。

14 Special Action Committee on Facilities and Areas in Okinawaの略称。沖縄から要求された米軍基地の整理・統合・縮小に応じて、一九九五年一一月に日米両国の外務・防衛閣僚による「日米安全保障協議委員会」の下に設置されたもので、構成は日本側が外務省北米局長、防衛庁防衛局長、防衛施設庁長官ら、アメリカ側は国務次官補、国防次官補、在日米軍司令官ら。さらにこの下部機関として審議次官、次官補レベルの作業委員会が設けられ、基地の整理・統合・縮小だけでなく、関連の訓練、騒音、安全などの問題も検討し、沖縄県民の負担を軽減し、日米同盟関係の強化を図ることも目的とされた。ＳＡＣＯの作業は一年で完了し、九六年一二月二日には、最終報告がなされた。

15 一九九五年一一月に設けられた、沖縄の米軍基地に関わる諸問題に関して協議する機関。構成メンバーは、政府側が、内閣官房長官、外務大臣、防衛庁長官。沖縄県側が、県知事。その下に、幹事会が置かれた。幹事会の構成メンバーは、政府側が、内閣官房副長官、内閣官房内閣外政審議室長、外務省北米局長、防衛庁防衛局長、防衛施設庁長官。沖縄県側は、県副知事、県政策調整監。

16 普天間飛行場などの返還に関して諸問題の解決の効果的な推進を図るため、一九九六年五月に設けられたもの。ＳＡＣＯ中間報告で返還が合意された基地の問題も扱った。構成メンバーは、(政府側) 内閣官房副長官、内閣官房内閣内政審議室長、内閣外政審議室長、外務省北米局長、防衛庁防衛局長、防衛施設庁長官、沖縄開発庁総務局長、内閣官房内閣広報官、大蔵省官房長、文化庁次長、農林水産省総務審議官、通商産業省環境立地局長、運輸省運輸政策局長、郵政省電気通信局長、労働省職業安定局長、建設省建設経済局長、自治省総務審議官、環境庁企画調整局長。(沖縄県側) 県副知事、県政策調整監、県知事公室長、県企画開発部参事監。委員会の下に作業部会が置かれた。(政府側) 内閣内政審議室長ほか、作業委員会を構成する一五省庁の審議官と課長クラス。(沖縄県側) 県政策調整監、県基地対策室長、県企画調整室長、県国際都市形成推進室参事。

17 一九五九年六月三〇日朝、石川市の宮森小学校に米軍嘉手納基地所属のジェット戦闘機が空中で爆発墜落した事件。死者一七人（児童一一人）、重軽傷者二一〇人。同小学校の三教室、住宅一七棟、公民館一棟を全焼、二教室、住宅八棟半焼という大惨事となった。日本全体でも米軍基地関係の事故としては最大のもの。

18 保坂廣志「コザ住民騒動」沖縄市役所総務部総務課市史編集担当編『米国が見たコザ暴動』沖縄市役所発行、ゆい出版発売、一九九九年、六〜一五頁収録。

19 「平和」「自立」「共生」を基本理念に、大田県政が策定した二一世紀沖縄のグランドデザイン。二〇一五年を目標に、県内全域に「国際都市」を形成するというもの。基地全面返還後の跡地利用も含んでいる。「平和交流拠点」「技術協力・国際交流拠点」「交通・物流ネットワーク拠点」「農業研究開発拠点」「リゾート拠点」「自然環境保全・技術研究拠点」づくりなどがデザインされている。

20 二一世紀沖縄の〝国際都市〟形成に向け、構想の目標年次である二〇一五年を目途に在沖米軍基地の計画的、段階的な返還をめざした沖縄県の行動計画。二〇〇一年までに一〇の基地、二〇一〇年までに一四の基地、二〇一五年までに一六の基地という三段階に分けて基地を全面返還させるというプログラムである。

21 一九九六年

四月一六日　嘉手納町議会が、県に、普天間飛行場の全面返還に伴う嘉手納飛行場への一部機能を移転するSACOの中間報告について、強く抗議し、国へ撤回を求めるよう要請。

五月　一日　一三の市町村で組織する沖縄県中部市町村会の代表が、県に、基地機能の県内移設に反対する要請文を手渡す。

五月一七日　読谷村議会、恩納村議会が、県に、普天間飛行場返還に伴う滑走路などの移設に反対し、移設計画の撤回を国に働きかけるよう要請。

五月一九日　読谷村で「日米両政府による普天間飛行場返還合意に伴う読谷地域への新たな飛行場建設に反対する村民総決起大会」が開かれる。

五月二九日　山内徳信読谷村長が、県に、村民総決起大会の決議文を手渡し、県としても、滑走路機能移設に反対するよう要請。

六月二八日　吉田勝広金武町長が、県に、普天間飛行場の返還に伴う代替ヘリポート建設で候補地にキャンプ・ハンセンがあげられている問題で、移設反対を表明するとともに、移設撤回を日米両国政府に働きかけるよう要請。

七月一〇日　名護市で、「名護市域への代替ヘリポート建設反対総決起大会」が開かれる。

七月一六日　北部市町村会、北部市町村議会議長会が、県に、ヘリポートの北部地域への移設に反対するよう申し入れる。

七月一七日　金武町で、普天間飛行場の返還に伴う代替ヘリポート移設に反対する金武町民大会が開かれる。

七月一九日　吉田金武町長が、県に、町民大会で裁決した決議文を手渡す。
七月二二日　新川秀清沖縄市長が、県に、代替ヘリポートの県内移設に反対するよう要請。
八月二〇日　普天間基地の嘉手納基地統合案に反対する新川沖縄市長、宮城篤実嘉手納町長、比嘉吉光北谷町助役が、新たな基地負担は容認できないとする三首長連名の要請書を県に提出。
九月一六日　沖縄市、北谷町、嘉手納町は、「嘉手納飛行場へのヘリポート移設反対沖縄市、北谷町、嘉手納町三者連絡協議会」（三連協）を発足。
一〇月　一日　三連協が、県に、普天間飛行場の嘉手納統合案への反対の明確化を申し入れる。
（沖縄県総務部知事公室基地対策室『沖縄の米軍基地』一九九八年、五一三〜五一六頁より抜粋）

22　大田昌秀『沖縄の決断』朝日新聞社、二〇〇〇年、二四七頁。

［第二章］

23　神奈川県渉外部基地対策課『在日米軍地位協定概論―地方自治体との関連で―』一九九三年、「はじめに」。

24　本間浩『在日米軍地位協定』日本評論社、一九九六年、一二〇頁。

25　本間、同右、一二一頁。

26　本間、同右、六〇〜六一頁。

27　神奈川県渉外部基地対策課、前掲書、一九頁。

28 国が法令によって、国の事務を都道府県や市町村などに委任して代行される事務のこと。一九九九年七月の国会でこの制度は廃止が決定された。

29 大田昌秀沖縄県知事は、那覇、沖縄両市と読谷村の土地三五人分について代理署名を拒否した。このため、村山富市総理は、一九九五年一二月、大田知事を福岡高裁那覇支部に提訴した。この結果、翌年三月、知事は強制使用認定の適否まで審理する権原を有さないとの判決が下り、国が勝訴した。しかし、大田知事は「三日以内の署名」を再び拒否したため、橋本総理による代理署名が行われた。防衛施設庁は県収用委員会に対し、三月三一日で使用期限の切れる読谷村の楚辺通信所の敷地の一部につき、六ヵ月間の緊急使用の申し立てを行った。ところが県収用委員会は五月一一日に、緊急使用を不許可とすることを決めた。理由は「現に土地を使用しているうえ、使用が遅れることによる施設への影響についても、国の説明は不十分だ」とされた。このため、同通信所の一部の土地については国の事実上の「不法占拠」という異常な状態がつづいていた。さらに問題化したのは、九七年五月一四日に使用期限の切れる一二施設のケースである。この土地所有者は約三〇〇〇人にのぼっているので、紛争はさらに深刻化した。そこで政府は使用期限が切れる沖縄米軍基地の継続使用を可能にする、「駐留軍用地特別措置法」改正案を国会に提出、九七年四月一七日に可決、成立した。

30 ジュゴンは、レッド・データ・ブック（注　ＩＵＣＮ〈国際自然保護連合〉が世界的に見て絶滅の恐れのある種を一定基準の評価基準に基づき、どれくらい絶滅の危険性があるかをランク付けしたものがレッド・リスト。そのレッド・リストに掲載された種について生息状況などを編集した出版物がレッド・データ・ブック）の危急種（ＶＵＡ１　ｃｄ、ＩＵＣＮ　１９９６）であり、沖縄の地域個体群は絶滅危惧種（ＣＲ　Ｄ１またはＣＲ　Ｃ２ｂ、日本哺乳類学会　１９９７）であることを想起し、沖縄島北部の東海岸は日本国内唯一のジュゴン生息地であり、孤立した生息域の面積は小さく生息数もたいへん少ないことに注目し、生息域中央部の海域または隣接する陸域に計画されている米国海兵隊の軍事空港建設（普天間飛行場の移転）は、ジュゴンの重要な休息場所および採食場所になっている辺野古沿岸のサンゴ礁と藻場を破壊し、小さな地域個体群の生存に対して大きな脅威を与えることを認識し、国際自然保護連合総会は、日本政府に対し、沖縄のジュゴンおよびその生息地についての詳細な調査を行い、地域個体群とその生息地の保全計画を立案すること、および、日米両政府に対し、ジュゴン生息域とその隣接地域における軍事空港の建設と軍事演習については、生物多様性保全の観点から十分に検討することを要請する。

決議案提出団体

（財）世界自然保護基金日本委員会（ＷＷＦ　Ｊａｐａｎ）

（財）日本自然保護協会（ＮＡＣＳ―Ｊ）

（財）日本野鳥の会（ＷＢＳＪ）

（二〇〇〇年一〇月の四日から一一日に、ヨルダンの首都アンマンで開催される第二回世界自然保護会議に向けて、国際自然保護連合に提出された「沖縄島のジュゴン保全」。これと同時に「ノグチゲラとヤンバルクイナの保全」各決議案も提出済み）

世界自然保護会議は、さまざまな自然保護問題を話し合い、会議におけるディベートの結果は、大会決議という形で発表される。国家会員、政府機関会員、ＮＧＯ会員の他、世界保護地域委員会などの専門家委員、ユネスコ、国連環境計画、世界銀行などの国際機関の代表など、約二〇〇〇人が参加する会議となる予定。これまで、日本に関係した大会決議としては、以下のものがある。一八回と一九回―（八八年、九〇年）―白保《しらほ》サンゴ礁の保護（空港建設）、二〇回―（九四年）商業捕鯨、南大洋クジラサンクチュアリ、カカドゥ国立公園ウラニウム採掘、二一回―（九七年）アマミノクロウサギ（ゴルフ場建設）

大会決議の採択は、コンセンサスまたは投票によって採否を決定し、投票になった場合は、政府は二票、ＮＧＯは一票を有しているが、合計票数は、圧倒的にＮＧＯが多くなっている。決議が採択された場合、ＩＵＣＮは決議をフォローアップするために、関係国政府・政府機関に事態の改善を求める書簡を送付する。これまでの例では、白保サンゴ礁に関して、大会決議に基づき、ＩＵＣＮから書簡が届き、二度にわたって空港建設予定地が変更されている。また、ＩＵＣＮは世界自然保護会議の九〇日前までに、決議案に関係する問題の国内での解決を求めており、七月六日までに解決しない場合には、世界自然保護会議において決議案の採択を議論することになる。今回の世界自然保護会議には、愛知万博関連決議案「海上の森の保全について」、二〇〇六年冬季オリンピック（スロバキア）に関する決議案などが提出される予定。

31　「しんぶん赤旗」一九九九年一二月六日付の記事。同記事には、「八月十七日午後七時、名護市瀬《せ》嵩《だけ》。突如現れた米軍ヘリコプター二機が低空飛行訓練をおこない、二時間もの間、ごう音をまき散らしました。瀬嵩は、普天間基地に代わる新基地建設候補地・名護市辺野古の対岸に位置しています。市には住民から苦情が殺到しました。『乗組員が見えそうなくらいの低空だった』『テレビ画像は乱れ、音も聞こえない』。電話をかけた人のなかには市の管理職もいました。『会話もまともにできなかった』」ともある。

32 「しんぶん赤旗」一九九九年一二月六日付の記事。同記事には、「名護市議会は八月二十四日、北隣の東村で起きた普天間基地所属の米軍ヘリ不時着事故にたいして、全会一致で抗議決議を採択しました。同決議は『普天間基地から北部訓練場（東村）を結ぶコースの途中で起きたトラブルであり、今後ともコース上における事故・事件の発生が危ぐされる』とのべています」ともある。

33 「稲嶺県政一年の歩み」稲嶺惠一後援会

［第三章］

34 加藤一郎「沖縄軍用地問題」『南方諸島の法的地位』南方同胞援護会、一九五八年、一四一頁。

35 沖縄大百科事典刊行事務局編『沖縄大百科事典』中巻、沖縄タイムス社、一九八三年、九五〇頁。

36 同右、下巻、三九二頁。

37 阿波連正一「沖縄の基地問題の現在」『沖縄国際大学公開講座4　沖縄の基地問題』沖縄国際大学公開講座委員会、一九九七年、二七〜二八頁。

38 琉球上訴裁判所首席判事、那覇市長、琉球政府第二代行政主席。比嘉秀平主席が急死したことから、一九五六年一一月、民政長官から主席に任命された。米国民政府と折衝し、任期を三年に設定し、全うした。軍用地問題では、五八年六月には、第二回土地問題渡米折衝団長も務めたが、

「一括払い」については認めている。

39 反戦地主第一世代のリーダー。一九〇三年三月三日生まれ。県立嘉手納農林学校中退後、キューバ、ペルーで移民生活をする。その後、伊江島で農業に従事、沖縄戦を体験。米軍による「土地収用令」が出され、暴力的に土地接収が行われると、徹底した非暴力直接行動によって米軍に対抗。

40 創価学会婦人平和委員会編『いくさやならんどー』第三文明社、一九八四年、一七七頁。

41 公告は、公の機関がある事柄を一般に告げ知らせること、縦覧は、一般に自由に閲覧させること。この場合は、国からの強制使用裁決の申請に対し、土地収用委員会が審理を開始する前に、当該地の市町村長が、裁決申請書などの強制使用手続きに必要な書類を公告し、市民の縦覧に供することを指し、市町村長が公告・縦覧を拒否した場合は、知事がこれを代行するものとされている。

42 下村冨士男編『明治文化資料叢書』第四巻・外交編、風間書房、一九六二年、一〇七頁。

43 琉球政府編『沖縄県史』第一二巻　沖縄県関係各省公文書1　琉球政府、一九六六年、四頁。

44 ジョージ・H・カー『琉球の歴史』琉球列島米国民政府、一九五六年、二七八頁。

［第四章］

45 中日ドラゴンズのキャンプ地でもあり、映画館、フリーマーケット、ジャスコ、メイクマン、大観覧車、そして風力発電……。今や沖縄本島の人気スポットとなったハンビータウンも、以前はハンビー飛行場という基地であった。

北谷町北前地区は、一九七七年から八一年にかけて返還されたハンビー飛行場跡地（四二・五へクタール分）に、八一年から九〇年度にかけて、土地区画整理事業が実施された。

この地区の返還後の土地の用途は、全面積四二・五ヘクタールのうち、住宅地は五・一ヘクタール（一二％）、商業地六・五ヘクタール（一五・三％）、業務用地〇・六ヘクタール（一・四％）となっている。全体としては宅地を中心として土地区画整理が行われたが、商業地は国道五八号線沿いに配置するような土地利用がなされており、誘客効果が高く、街づくりの大きなメリットとなった。

実際に跡地利用を行った現在の状況と、軍用地として利用しつづけたと仮定した場合とを比較してみると、つぎのことがいえる。

まず、九四年度における商業売上高と事業所売上高についてみると、軍用地が存続したと仮定した場合のゼロに対して、跡地利用を行った場合には、商業売上高で二二一億円、事業所売上高で二〇億円、合計で二四一億円の売上高が上がっている。

また、地料については、軍用地として存続したと仮定した場合には、五億六〇〇〇万円であるのに対し、跡地利用がなされた現在の賃料収入は、一四億五〇〇〇万円と推定され、軍用地として使用した場合の約二・六倍も高いものとなっている。

また、区画整理後の九五年度の固定資産税収入は、土地・家屋の合計で一億三〇〇〇万円となっており、北谷町においては、自主財源である税収入が一億二〇〇〇万円余りも増加した（一九九八年県庁資料より要約のうえ抜粋）。

46 沖縄本島中部の具志川市みどり町は、かつて安慶名、天願、赤野、田場の四ヵ字にまたがる農耕地に米軍が物資集積所を設け、やがて通信隊が配備され、天願通信所として拡充、整備された。同基地の全施設面積の九六%にあたる九四・五ヘクタールが返還されたのは、復帰直後の一九七三年。その後、地主間の諸問題を抱えつつも、集団和解方式の採用により、地籍の明確化、跡地利用へとこぎつけ、現在はマクドナルドやケンタッキー、シェーキーズなどの外食産業、マルエー、かねひで、プリマートなどの駐車場付店舗を多数抱えたニュータウンへと発展した。また、市役所、農協、商工会、学校があいついで建設され、児童公園なども整備された。(沖縄タイムス社編『一二七万人の実験』沖縄タイムス社、一九九七年、七六〜七八頁より一部要約のうえ抜粋)。

47 那覇市小禄・金城地区は、一九八〇年以降、三回に分けて返還された旧那覇空軍海軍補助施設用地(九九・一ヘクタール)を中心に、八三年から九七年度にかけて、一〇八・八ヘクタールの土地区画整理事業が実施された。

この地区の返還後の土地の用途は、全面積一〇八・八ヘクタールのうち、公共施設用地が四七・二ヘクタールで最も大きく、全体の四三・四%を占めている。この中には、都市公園、道路、小中学校等が含まれる。住宅地は一八・七ヘクタール(一七・二%)、商業地六・五ヘクタール(六・〇%)、業務用地一・四ヘクタール(一・三%)となっており、全体としては公共施設、住宅を中心とした土地利用がなされている。

実際に跡地利用を行った現在の状況と、軍用地として利用しつづけたと仮定した場合とを比較してみると、つぎのことがいえる。

まず、九四年度における商業売上高と事業所売上高についてみると、軍用地が存続したと仮定した場合のゼロに対して、跡地利用を行った場合には、商業売上高で四〇五億円、事業所売上高で四三億円、合計で四四八億円の売上高となっている。

また、地料については、軍用地として存続したと仮定した場合には、一七億四〇〇〇万円であるのに対し、跡地利用がなされた現在の賃料収入は、四三億五〇〇〇万円と推定され、跡地利用の場合が軍用地として使用した場合の約二・五倍も高いものとなっている。

その他、公共用地として公園、高等学校、中学校、小学校が立地しており、市民生活の利便性向上に大きく貢献している（県庁資料より要約のうえ抜粋）。
48 若泉、前掲書、四一八頁。
49 若泉、同右、口絵。

［終章］
50 「わが沖縄の歴史」『伊波普猷全集』第一〇巻、平凡社、一九七六年、二九二〜二九七頁。
51 「食呉ゆ者ど我が御主の真意義」『伊波普猷全集』第一〇巻、平凡社、一九七六年、六九〜七七頁。
52 「沖縄人の最大欠点」『伊波普猷全集』第一巻、平凡社、一九七四年、六四〜六五頁。
53 松宮敏樹『こうして米軍基地は撤去された！—フィリピンの選択—』新日本出版社、一九九六年、九頁。
54 阿波根昌鴻『命こそ宝—沖縄反戦の心—』岩波書店、一九九二年、二〇五頁。
55 松宮、前掲書、一五頁。
56 丸山真男「ファシズムの現代的状況」『戦中と戦後の間』みすず書房、一九七六年、五三六頁。

あとがき

二〇〇〇年六月、沖縄は、七月二一日から二三日にかけて催される先進八ヵ国首脳のサミットを目前に控え、大きく揺れている。

サミットを歓迎する多数の人たちがいるかと思えば、サミットの沖縄開催と引き換えに普天間《ふてんま》基地の代替施設を名護《なご》市の辺野古《へのこ》沿岸地域に押し付けられるのではないかと危惧する人たちも少なからずいて、双方が入り乱れてそれぞれの目的を達成するため幅広く活動しているからだ。

サミットにかける期待や不安も多種多様なだけに、サミット後のさまざまな影響も懸念される。

県民の多くは、サミットが開かれることによって、沖縄の広大な基地の実情が参加国首脳をはじめ各国のマスコミを通じて世界に報じられる結果、基地問題も良い方向に解決されるにちがいないと素朴に信じているからだ。むろんサミットは、先進八ヵ国、ひいては世界的規模での共通の利害問題について話し合う場であり、一地域の沖縄問題が、議題になることは、ほとんど期待できないにもかかわらずだ。それだけにサミット後の失望も、大きくなりかねない。しかも、日米両政府は、サミット前に県民感情を刺激したくないとの思惑もあってか、肝心の普天間基地の移設問題については、今のところ口を閉ざしたままだ。

しかし、この課題は、サミットが終われば、否応なしに浮上せざるを得ない。となると、騒ぎもそれにつれて高まるにちがいない。

そこで、本書では、普天間基地の移設をめぐる問題点について、一応のおさらいをしてみた。問題が複雑で多岐にわたる内容を包含しているため、この小冊では十分に全容をカバーすることはできなかった。が、基本的な問題点については、呈示し得たのではないかと思う。

今後は、むしろ、表面化しつつあるいくつかのより深刻な問題の展開が気になるところである。

一つは、二〇〇〇年五月二四日、嘉手納《かでな》駐留の米空軍第一八航空団のジェームス・スミス司令官が、嘉手納弾薬庫地区内に、劣化ウラン弾が保管されていることを、明らかにしたこと。しかも五月三一日には、劣化ウラン弾の使用済み薬きょう数百発が地元の民間業者に流出していたことも露呈した。そもそもこの問題は、一九九五年一二月と翌九六年一月にかけて、岩国《いわくに》基地所属の米海兵隊のハリアー戦闘機が、久米《くめ》島の北方海上にある鳥《とり》島射爆撃場で、一五二〇発の二五ミリ劣化ウラン徹甲焼夷弾を使って射撃演習をしたことに始まる。米軍は、この事実を秘密にしていたが、翌九七年二月にワシントンDCのある新聞が暴露したことによって大騒ぎとなった。米国防総省は、慌てて劣化ウラン弾の安全性を強調したが、世界的に著名なノルウェーの平和学者のヨハン・ガルトゥング教授は、それがいかに危険なものであるかについて湾岸戦争の事例に基づいて警告を発し、私のところにたくさんの関連資料を送ってくださった。

鳥島射爆撃場一帯は、五基の大型パヤオ（浮き魚礁）が設置されている県内でも有数な漁場。しかるに、回収されたのは、わずか二四七発にとどまるといわれ、一三〇〇発近くの劣化ウラン弾は、今も未回収のままだ。にもかかわらず、外務省は、たんに「人または環境に対する危険がないことが確認された」と安全性を強調しているだけ。

果たして嘉手納弾薬庫地区内にいかなる種類の劣化ウラン弾がどれだけ貯蔵されているのか、詳細は定かでないが、地域住民の安全や環境問題とのからみで、大いに危惧される。

また、これとは別に本文でもふれたように沖縄返還交渉過程で、「核密約」があった問題も、各種の裏付け資料がつぎつぎと解禁されるにつれていちだんと明白になってきた。二〇〇〇年五月二九日、「朝日新聞」は、日本政府が沖縄返還の「裏負担」として、米政府に、二億ドル支払ったことを示す米公文書の入手を一面トップで報じた。これによって密約の信憑性は、より一層高まっている。

ところが、政府外務省は、「一切密約はなかった」と発表してまともに対応しようとはしない。が、私は、若泉敬氏の著書を読んだ後、訪米した際に、アレックス・ジョンソン元駐日大使にじかに確認したところ、沖縄の核については、特別な取り決めがあったことを明言していた。おそらくこの問題も、今後いやがうえにも尾を引き政治問題化するにちがいない。

以上の問題とは別に、憂慮すべき問題も表面化しつつある。それは、渋る地元に基地を誘致させるために、権力の側から、巨額の金が投入されることだ。基地誘致を促進すべく中央と地方を結んでの政党レベルの密約などについても露呈しているが、二〇〇〇年六月五日付の「琉球新報」は、一面トップにこの問題を取り上げ、つぎのように報じている。

「日本復帰前の一九六八（昭和四三）年一一月に行われた琉球政府行政主席公選は、革新支持の屋良朝苗《やらちょうびょう》氏と保守支持の西銘順治《にしめじゅんじ》氏が一騎打ちした結果、屋良氏が当選したが、県公文書館に残されたＵＳＣＡＲ（琉球列島米国民政府）文書では、日本自由民主党から沖縄自由民主党へ多額（引用者注　七二万ドル）の選挙資金が流れていることがわかった。

文書は、高等弁務官と東京の米国大使館を往復する電文が中心で、資金供与に米国側が関与していることを裏付けている。金の受け取り交渉のため、当時の沖縄自由民主党副総裁・吉元《よしもと》栄眞《えいしん》氏が東京に出向いている。主席公選への具体的な資金介入が明らかになるのは初めて」

記録は、怖いといわれるが、まさにそのとおり。本文でも述べたように、米軍統治下では、基地存続に協力する市町村に対して「高等弁務官資金」が流されたが、今後地元でだれがいくら金を受け取ったかが、白日の下に晒されることになろう。これからも似たような事態が再現することが懸念される。このように権力の側が金の力で人びとの心を買い取る事態がつづけば、平和を希求してやまない沖縄の人びとの心は荒み、二一世紀の沖縄は、明るい展望が拓けるどころか、暗澹《あんたん》たるものにならざるを得ない。

それどころか、現県政がいう、「キャンプ・シュワブ水域内名護市辺野古沿岸域」に「軍民共用の空港」をつくるというのは、じつは、一九六〇年代半ば頃（ベトナム戦時中）に、米海兵隊が三〇〇〇メートル級の滑走路をもつ飛行場を計画し青図面まで描いていた地域と、ほぼ一致することが、最近公表されたUSCAR文書で判明している。

おそらくこの海兵隊の青図面を基にして日米双方の大手軍需企業が、「軍民共用」の名の下に海を埋め立て巨大空港を建設しようと図り、それに県がのせられているものと考えられる。

その意味では、同じ六月五日付の「琉球新報」が、社説で「新基地計画　三四年ぶりによみがえる」と論評したのもむべなるかなといえる。

ここで、この計画の具体的内容についてふれるゆとりはないけれども、あえて一言すると、もしもこの計画が実施されるならば、新基地周辺の人びとの不幸だけでなく沖縄、ひいては日本全国民の不幸につながりかねないということである。この重大な事案も、その中身の問題点を含め、近い将来、人びとの耳目を集めるにちがいない。私たちは、これらの闇に包まれてきた諸問題について明確に把握し、適切な対応策を講じる必要があろう。

このようにつぎつぎと極秘扱いにされていた沖縄関連の米公文書が解禁されたことで、沖縄の戦後史、ひいては日本の戦後史も、書き換えを余儀なくされる事態になりかねない。この小著が、その一助ともなれば望外の幸いである。

本書が完成をみるまでには、南里空海さんや桑高英彦さんに大変なお世話をかけた。さらに大田平和総合研究所の森木亮太君、島袋博江さん、大田且子らに原稿の整理及び校正等で助けてもらった。記して感謝申し上げたい。

二〇〇〇年六月

大田昌秀

大田昌秀（おおた　まさひで）

一九二五年沖縄県生まれ。四五年沖縄師範学校在学中に沖縄戦に動員される。五四年早稲田大学英文科卒業後、米シラキュース大学大学院に留学（ジャーナリズム専攻）。六八年琉球大学法文学部教授を経て、八三年同学部長。九〇年沖縄県知事に就任、二期八年間知事を務める。二〇〇一年より参議院議員。大田平和総合研究所主宰。著書に『沖縄の民衆意識』『総史沖縄戦』『沖縄の決断』『醜い日本人』『沖縄からはじまる』（共著）『沖縄差別と平和憲法』『沖縄戦下の米日心理作戦』など多数。

沖縄《おきなわ》、基地《きち》なき島《しま》への道標《どうひょう》

集英社新書〇〇四一A

二〇〇〇年七月二二日　第一刷発行
二〇一〇年一〇月二七日　第三刷発行

著者……大田昌秀《おおたまさひで》
発行者……館　孝太郎
発行所……株式会社集英社
東京都千代田区一ツ橋二-五-一〇　郵便番号一〇一-八〇五〇
電話　〇三-三二三〇-六三九一（編集部）
〇三-三二三〇-六三九三（販売部）
〇三-三二三〇-六〇八〇（読者係）

装幀……原　研哉
印刷所……大日本印刷株式会社　凸版印刷株式会社
製本所……加藤製本株式会社

定価はカバーに表示してあります。

ISBN 4-08-720041-8 C0231

Printed in Japan

a pilot of wisdom

a pilot of wisdom

集英社新書　好評既刊

カメラの前のモノローグ 埴谷雄高・猪熊弦一郎・武満徹
マリオ・A　0031-F
20世紀日本を代表する巨匠を外国人写真作家がロングインタビュー。創造の源泉を語る貴重な記録。

新・シングルライフ
海老坂 武　0032-C
今や四世帯に一つは単身所帯。シングルライフはもはや他人事ではない。人生を自由に楽しむヒント。

ニュース英語がわかる本
北畠 霞　0033-E
大統領を始めアメリカ政治を読み解く50のキーワードを、楽しいエピソードとともに解説。

日本人の魂の原郷 沖縄久高島
比嘉康雄　0034-D
琉球王朝以前の古代人の心を今に伝える祭祀の島・久高。その25年にわたる貴重な記録。写真多数。

武蔵野ものがたり
三浦朱門　0035-F
変わりゆく武蔵野。個性豊かな地元の人々との友情を通して、著者の心の故郷・武蔵野の魅力を綴る。

沖縄の旅・アブチラガマと轟の壕
石原昌家　0036-D
戦後長く裁かれずにおかれた「犯罪」。25年に及ぶ聞き取り調査で明らかになった洞窟の中の地獄。

聖地の想像力
植島啓司　0037-C
エルサレムやメッカ、古代の神殿など世界各地の聖地を巡って展開する、知的刺激に満ちた聖地論。

鬼と鹿と宮沢賢治
門屋光昭　0038-D
「鹿踊り」など岩手に伝わる民俗芸能を賢治はいかに昇華させたか。物語世界を読み解く新しい試み。

往生の物語
林 望　0039-C
清盛の地獄の死。知盛の勇壮な死…。空前絶後の死の大文学『平家物語』に読む、往生際の在り方。

「健康」という病（やまい）
米山公啓　0040-I
薬は効いているか。スポーツはからだにいいか…。「健康」にしばられている現代人のための新しい健康論。